# Procédé du Tir

## du

# CANON DE 75ᵐ/ᵐ

## de Campagne

# Artillerie

# de Campagne

## LA PRATIQUE DU TIR

Commandant J. CHALLÉAT

# Artillerie de Campagne

## LA PRATIQUE DU TIR

*2e édition, mise à jour au 1er juillet 1914*

# BERGER-LEVRAULT, ÉDITEURS

Éditeurs de l'*Annuaire* et de la *Revue d'Artillerie*

PARIS — NANCY
RUE DES BEAUX-ARTS, 5-7 | RUE DES GLACIS, 18

1915

Commandant J. CHALLÉAT

# Artillerie de Campagne

## LA PRATIQUE DU TIR

3e édition, mise à jour au 1er juillet 1914

BERGER-LEVRAULT, ÉDITEURS
Libraires de l'Armée et de la Bibliothèque

PARIS | NANCY
rue des Beaux-Arts, 5-7 | rue des Glacis, 13

1915

# Table des Matières

[illegible]

# ARTILLERIE DE CAMPAGNE

---

## LA PRATIQUE DU TIR

---

## INTRODUCTION [1]

Ce volume, consacré à la *pratique du tir* du canon de $75^{mm}$, n'a pas la prétention de se substituer, *même partiellement,* au Règlement de manœuvre ; son but est, au contraire, d'en faciliter et hâter l'assimilation, sans faire avec lui double emploi.

L'assimilation rapide d'un règlement bien conçu, c'est-à-dire à la fois précis, concis et général, exige, en effet, le plus souvent, le *concours continu d'un guide expérimenté.* Sans ce concours, le nouveau venu dans l'artillerie de 75 ne peut être à la hauteur de sa tâche qu'après avoir suivi d'assez près la progression du Règlement. C'est pour cela qu'il n'est pas rare de

---

[1] Cette introduction est la base de notre méthode. *Elle doit être lue avec la plus grande attention.*

rencontrer des officiers qui, même après plusieurs mois de présence dans les batteries de campagne, n'ont pas encore acquis l'*assurance indispensable au bon tireur*. D'ailleurs, la connaissance du Règlement n'est pas tout ; elle doit être complétée, *au bon moment,* par l'étude d'autres documents, concernant le tir, documents dont on ignore parfois l'existence ou que l'on n'a pas toujours à sa disposition quand il le faudrait. D'autre part, un règlement ne saurait s'attarder à justifier toutes les dispositions qu'il contient, et c'est au lecteur à aller puiser ailleurs, dans les cours d'artillerie de nos écoles militaires, par exemple, les explications qui lui paraissent nécessaires.

Nous croyons donc faire œuvre utile à tous en publiant ce petit volume, destiné à combler les lacunes qui viennent d'être signalées. Voici, d'ailleurs, l'esprit et la méthode qui ont présidé à sa rédaction.

L'esprit répond à deux ordres d'idées :

D'une part, *faire appel au raisonnement* en justifiant toujours, au fur et à mesure, les *règles pratiques* à observer;

D'autre part, *mettre le plus rapidement possible* à hauteur de leurs fonctions les nouveaux venus dans les batteries de 75. A cet effet, signaler d'abord les solutions à la fois les plus simples et les plus indispensables et n'indiquer les autres, plus complètes ou plus élégantes, que lorsque les premières seront tout à fait familières. Avec cette progression, les débutants pourront devenir, *pour ainsi dire immédiatement, des tireurs convenables et, progressivement ensuite, des tireurs plus expérimentés.*

Du but poursuivi, résulte la méthode d'exposition. Il fallait, en effet, pour atteindre ce but, procéder, avant tout, du simple au composé, mais il fallait aussi éviter d'être confus. Il nous a semblé que cette double condition pouvait être satisfaite en réunissant, d'une part, par chapitres, les questions formant un tout, et en signalant, d'autre part, au cours de ces chapitres, les considérations les moins indispensables, que le débutant a intérêt à réserver pour une seconde lecture. Celle-ci pourra être entreprise lorsque, devenu « tireur convenable », le lecteur désirera acquérir les connaissances nécessaires au « tireur expérimenté ».

Quant aux explications relatives aux règles pratiques à observer, elles seront bien données, comme on l'a dit, au fur et à mesure des besoins, mais elles le seront, le plus souvent, sous forme de renvois, de façon à mieux dégager de la théorie les règles à appliquer. Ces explications seront, d'ailleurs, aussi simples que possible, la rigueur du résultat dût-elle parfois être légèrement sacrifiée.

On indiquera également en renvoi, quand il y aura lieu, les titres des documents à consulter.

Le succès de notre première édition ne pouvait que nous engager à conserver dans la seconde les mêmes méthodes et procédés. Nous avons toutefois cru devoir ajouter quelques exemples pour mieux éclairer le lecteur sur les règles à observer dans le réglage et l'exécution du tir.

# CHAPITRE I

## NOTIONS FONDAMENTALES ET DÉFINITIONS

### § 1 — LE LANGAGE DE L'ARTILLEUR

Avec les matériels de campagne à tir rapide, plus encore qu'avec les matériels à tir lent, il importe, pour les artilleurs, d'employer *un langage à la fois rapide et précis*.

La connaissance parfaite de ce langage est donc essentielle pour l'artilleur de 75. La base en est fournie par l'usage d'une unité commode de mesure angulaire connue sous le nom de « millième de l'artilleur » ou plus simplement « millième ».

### Le millième.

Le millième est, *à très peu près*, l'angle sous lequel un observateur verrait un mètre placé à 1 000 mètres de lui.

Cet angle est très petit : on en compte, par convention, 1 600 dans un angle droit (¹).

---

(¹) Le *millième géométrique* est l'angle dont les côtés interceptent un arc d'un mètre de longueur sur la circonférence de 1 000 mètres de rayon. Il y a donc autant de millièmes géométriques dans 90 degrés qu'il y a de mètres dans le quart de la circonférence précédente, soit $\dfrac{2\,\pi}{4} \times 1\,000$ ou 1 571 environ. Il y a donc 1 571 millièmes géométriques dans 90 degrés. Les artilleurs ont préféré adopter une unité très légèrement plus faible, de façon à en avoir un nombre rond : 1 600 par 90 degrés. Le millième de l'artilleur diffère ainsi très peu du millième géométrique.

On a parfois à convertir en degrés et minutes des angles exprimés au millième d'artilleur et inversement.

De ce que 1 600 millièmes valent 90 degrés de 60 minutes, on déduit que

$$1 \text{ millième} = 3'\,22''$$

et, inversement, que

$$1' = 0^{\text{millième}}\,29.$$

On obtient souvent d'ailleurs une approximation suffisante en admettant que 1 degré vaut 20 millièmes au lieu de 17 et demi.

Avant de mettre en évidence tous les avantages pratiques du millième comme unité de mesure angulaire, il convient d'indiquer les moyens les plus simples, les plus rapides et, en même temps, le plus souvent, assez exacts pour mesurer, sur le terrain, les écarts angulaires en millièmes.

### Mesure des écarts angulaires sur le terrain.

On peut employer pour cela bien des instruments. Le moyen le plus simple consiste à utiliser les doigts de la main, en s'aidant au besoin de la jumelle. Les doigts, dont on dispose toujours, et la jumelle, facile à emporter à cheval comme à pied, permettent, en effet, de multiplier les mesures, c'est-à-dire de s'entraîner constamment, ce qui est plus difficile avec un instrument lourd et encombrant comme la lunette de batterie et même encore comme le théodolite par lequel on se propose de la remplacer (1). D'autre part, les mesures sont pour ainsi dire instantanées, puisqu'il n'y a pas d'appareil à mettre en station. En d'autres termes, quand on sait se servir de ses doigts, on peut dire qu'on a « le millième dans l'œil ».

C'est donc sur l'emploi des doigts et de la jumelle que nous allons insister, en nous bornant à parler très rapidement ensuite des autres instruments de mesure angulaire.

---

(1) A la lunette de batterie modèle 1898 on se propose de substituer une lunette binoculaire et au pied de lunette avec manchon, plateau et niveau, un pied susceptible de recevoir un théodolite. C'est sur ce dernier que l'on pourrait, à volonté, placer la lunette binoculaire. Sans cette lunette, on disposerait donc simplement d'un appareil goniométrique, transportable à cheval en deux parties pesant chacune 4 kilogrammes.

C'est, d'ailleurs, également sur un second théodolite avec pied que l'on peut, à volonté, placer le télémètre modèle 1912. Ce théodolite est organisé en conséquence.

En attendant une refonte du Règlement de manœuvre, les prescriptions relatives à l'usage du théodolite sont contenues dans l'Instruction du 20 avril 1914.

*Emploi de la main.* — On sait qu'il existe entre les diverses parties du corps humain des proportions

Fig. 1.

que l'on peut considérer comme invariables d'un individu à l'autre. C'est ainsi que, quelle que soit sa taille, un opérateur voit, toujours sous le même angle, chacun de ses doigts dégantés, lorsqu'il étend le bras de toute sa longueur comme pour prêter serment (fig. 1).

Cette position particulière a été choisie parce qu'elle est très facile à prendre d'une façon uniforme pour peu qu'on s'y exerce.

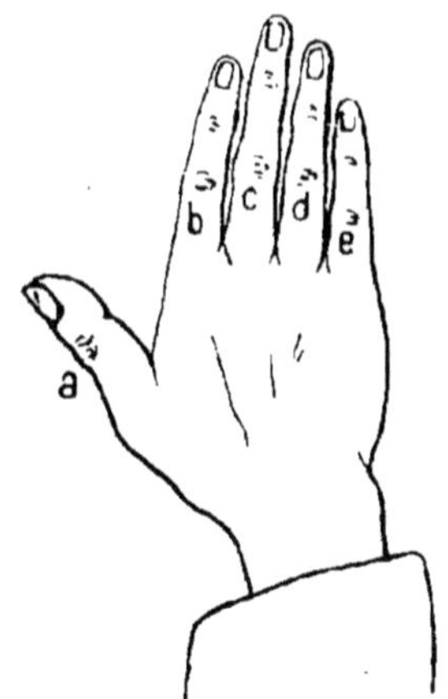


Fig. 2.

De plus, dans cette position, les doigts, considérés à *hauteur des phalanges a, b, c, d, e* (fig. 2), sont vus sous des angles correspondant à des nombres entiers de millièmes faciles à retenir.

Les exercices consistent à régler le port de la tête et du bras de façon à réaliser :

Avec les trois doigts *b, c, d* réunis un angle de 100 millièmes ;

Avec l'index ou le majeur un angle de 35 millièmes ;

Avec l'annulaire un angle de 30 millièmes ;

Avec le pouce un angle de 40 millièmes ;

Avec le petit doigt un angle de 25 millièmes ([1]).

Pour ces exercices, on peut soit opérer par comparaison avec un instrument précis de mesure angulaire, la lunette de batterie ou le théodolite, par exemple, soit utiliser une échelle graduée, tracée sur un mur du quartier, et dont les divisions, *vues d'un point déterminé*, correspondent aux angles ci-dessus.

Si, par exemple, l'observatoire est à 100 mètres sur la perpendiculaire élevée vers le milieu de l'échelle, les divisions 25, 30, etc., devront être distantes du zéro de la graduation de quantités égales à 2$^m$50, 3 mètres, etc.

Cette échelle, facile à établir, doit être complétée par un repère fixé à l'emplacement à occuper pour effectuer les mesures. Tout le personnel des batteries peut ainsi apprendre à mesurer les angles et, ce résultat acquis, vérifier de temps à autre qu'il est bien conservé dans les exercices à l'extérieur.

---

([1]) Ces nombres sont faciles à retenir. Lorsqu'on sait, en effet, que les trois doigts *b, c, d* réunis sont vus sous 100 millièmes, on peut dire que chacun d'eux doit être vu sous 33 millièmes. En réalité, comme à simple vue les trois doigts en question ne sont pas tout à fait égaux, on retrouve naturellement les nombres exacts, 35, 35, 30. D'autre part, le pouce est légèrement plus gros que l'index et le petit doigt un peu supérieur à la moitié du pouce. On peut encore remarquer que les doigts s'échelonnent de 5 millièmes : pouce 40 millièmes, index et majeur 35 millièmes, annulaire 30 millièmes, auriculaire 25 millièmes.

*Emploi de la jumelle.* — Pour la mesure des angles, la jumelle présente, soit un micromètre rectiligne, soit, sur sa périphérie, des graduations, *a*, *b*... (fig. 3) dont les intervalles sont vus sous des angles égaux à 10 millièmes. Le champ est de 80 millièmes pour les anciennes jumelles et de 100 pour les nouvelles.

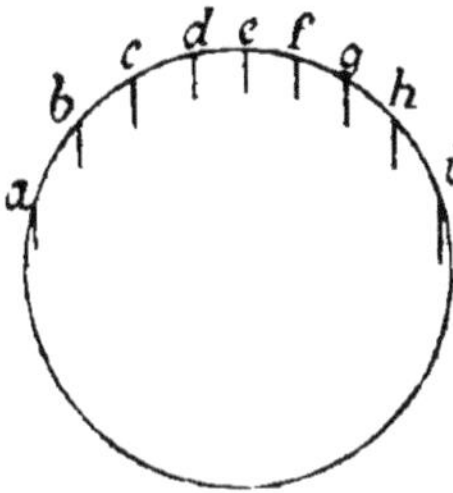

Fig. 3.

Avec le micromètre, la mesure des angles supérieurs à 80 ou 100 millièmes est moins rapide qu'avec les doigts, surtout si, au moment d'effectuer la mesure, la jumelle est encore dans son étui, et elle n'est pas plus exacte. Au contraire, la jumelle est supérieure aux doigts, en précision, pour la mesure des petits écarts angulaires (inférieurs à 80 ou 100 millièmes).

Cependant, l'emploi des doigts étant encore assez précis, en général, même pour cette mesure, le recours à la jumelle n'est utile que dans les cas suivants :

1° Les directions dont on veut mesurer l'angle correspondent, l'une, à un point bien visible (point de repère du chef d'escadron, point de pointage de la batterie), l'autre, à un point peu net ou même invisible à l'œil nu (droite du but). La direction correspondant à ce second point ne pouvant être, dans ce cas, matérialisée à simple vue, le procédé de l'œil et de la main est évidemment en défaut. On a alors recours à la jumelle, qui permet d'établir

une visée sur la droite du but et d'en rapporter la
direction à celle d'un point nettement visible sur le
terrain. On est ainsi ramené à mesurer, avec l'œil et
la main, l'écart angulaire de deux directions définies
par deux points bien nets.

2° Pour répartir uniformément les coups d'une
batterie sur un but dont le front $a\ b$ (fig. 4) est

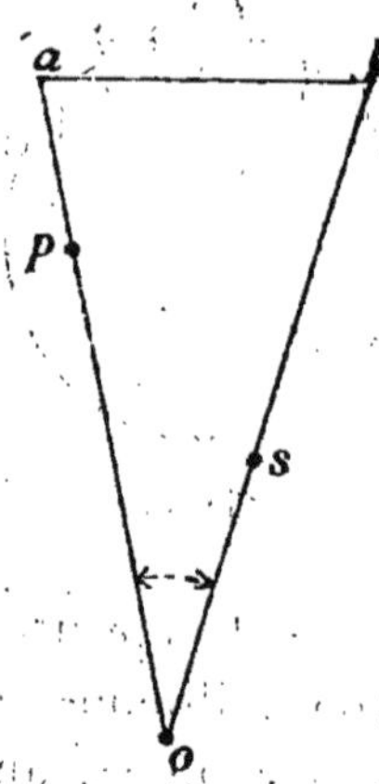

Fig. 4.

vu sous un nombre déterminé de millièmes, il est
bon, dans la pratique, de remarquer que ce nombre
de millièmes n'est autre chose que l'écart angulaire $o$, le point $o$ étant la position de l'œil de
l'observateur. Or, cet angle est égal à l'écart angulaire des rayons visuels passant, par exemple, par le
peuplier $p$ et le sapin $s$ choisis respectivement dans
les directions $oa$ et $ob$. On est ainsi ramené à répartir les coups de la batterie sur un front dont les
extrémités sont nettement visibles à l'œil nu et on
évite l'obligation de tenir constamment la jumelle aux
yeux, ce qui serait gênant et empêcherait d'embrasser
tout le terrain du combat. Mais la jumelle a servi à
la détermination préalable des points $p$ et $s$. Elle est
encore utile lorsque, les coups ayant été répartis approximativement à vue sur le front à battre, on veut
assurer une très grande exactitude à cette réparti-

tion (cas du tir à démolir, cas du tir simultané de plusieurs batteries sur des portions contiguës d'un même front).

3° Lorsque l'écart à mesurer est très considérable, on est conduit à reporter plusieurs largeurs de main à la suite les unes des autres en utilisant, pour ces reports, des points naturels du terrain. Les opérations peuvent alors devenir longues et peu précises. C'est ainsi qu'il faut déjà une certaine habileté pour arriver à mesurer à la main des angles de 800 à 1 200 millièmes avec des erreurs ne dépassant pas 40 à 60

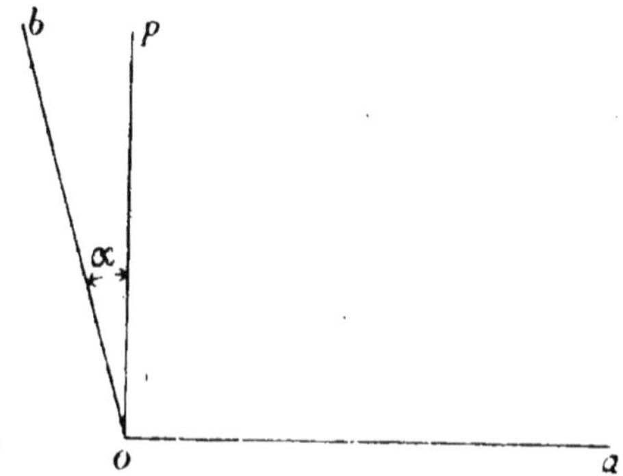


Fig. 5.

millièmes, et encore ne faut-il pas commettre de faute en totalisant les reports. Lorsque l'angle à mesurer est voisin de 90° ou dépasse cette valeur, l'erreur peut être encore plus considérable. On peut la réduire notablement en se servant de la jumelle de la façon suivante ([1]) : soit *a o b* (fig. 5) l'angle à mesurer. L'opérateur fait viser par un aide, placé en *o* et muni de la jumelle, un point remarquable du terrain choisi dans la direction *oa*. La tranche antérieure de la monture des objectifs de la jumelle est alors sensiblement dans le plan *op* perpendiculaire à la direction *oa*. L'opérateur n'a plus, par suite, qu'à mesurer

_______________

([1]) Ce procédé est une application de la méthode prévue par le renvoi du n° 153 du titre IV du Règlement provisoire, mis à jour au 1er octobre 1913.

à la main l'angle $\alpha$ compris entre la direction $ob$ et
la direction $op$, qu'il matérialise par une visée suivant
la tranche antérieure de la jumelle tenue par l'aide.

Ce procédé est simple ; il donne assez exactement
l'angle droit si l'opérateur et son aide se sont tant
soit peu exercés. En particulier, l'aide doit régler
convenablement l'écartement des oculaires de façon
à n'apercevoir qu'un seul cercle au centre duquel il
s'efforcera de maintenir l'objet naturel qui lui a été
désigné dans la direction $oa$.

Avant de terminer ce qui concerne la mesure des
écarts angulaires au moyen des autres instruments
dont on peut disposer, nous allons indiquer immédiatement les principales applications des notions
précédentes qui constituent la base de l'éducation
de l'artilleur de 75.

### Désignation des objectifs.

La manière la plus simple d'expliquer la méthode
à suivre dans cette importante opération est d'en
faire une application à un cas concret.

La figure 6 représente le paysage vu de la station
où l'on procède à la désignation du but; les traits
verticaux correspondent à des écarts angulaires de
100 en 100 millièmes.

Après avoir mesuré à la main l'écart angulaire
compris entre le peuplier P et l'extrémité droite de
la haie H, ainsi que le front de cette haie, on dési-
gnera, de la façon suivante, des tirailleurs abrités
derrière cette haie :

(1) Point de repère : le grand peuplier ;

(2) A gauche 140 ;

(3) Tirailleurs derrière la haie, sur la troisième
crête ;

(4) Front 70.

De cette façon, pour peu que celui qui désigne le
but et celui qui le reçoit se soient exercés à mesurer

les angles, il ne peut y avoir ni méprises, ni difficultés.

Dans certains cas, cependant, il est bon, pour éviter
toute hésitation, de définir le site du but par rapport
au repère, alors limité à son pied ou à son sommet.

En supposant que, sur la figure 6, le peuplier soit

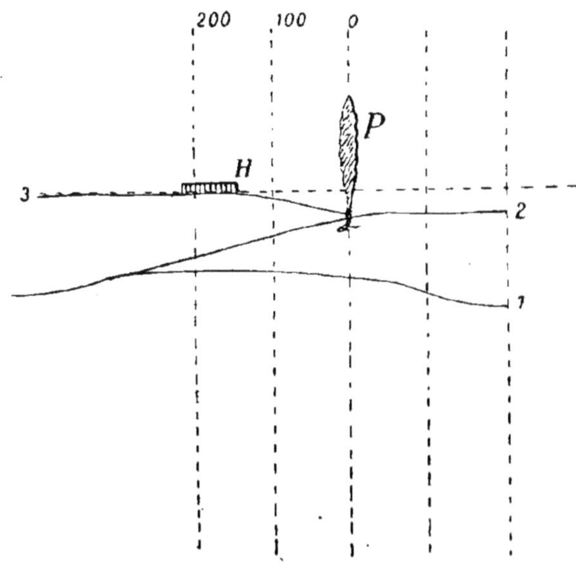


Fig. 6.

vu sous un angle de 15 millièmes, la désignation du
but se fera de la façon suivante :

(1) Point de repère : le sommet du grand peuplier.
(2) A gauche 140, site — 10.
(3) Tirailleurs derrière la haie.
(4) Front 70.

Il importe de faire, dès le début, toutes les désignations sous l'une des formes précédentes et de
s'assurer souvent que le personnel les comprend et
les traduit convenablement, sur le terrain, par des
mesures correctes à la main. Lorsque ce résultat est
acquis, la désignation d'un objectif est toujours
chose facile, même sur un champ de tir où les
objectifs seraient multipliés à l'excès.

### Précautions à prendre — Correction de station.

Ainsi, l'usage d'un point bien net et la mesure correcte et rapide des écarts angulaires facilitent singulièrement les désignations des points particuliers du terrain. Il y a cependant lieu de faire ici une très importante réserve relative à la distance qui peut séparer celui qui désigne le but, de celui qui le reçoit. On va voir, en effet, que, si cette distance n'est pas réduite à quelques mètres, on est exposé à de graves mécomptes, à moins de s'astreindre à calculer sur le terrain des corrections plus ou moins difficiles.

La formule suivante, connue sous le nom de formule de la correction de station, va fixer les idées sur ce point.

### Formule de la correction de station.

Soient (fig. 7) P et O deux points dont l'écart est vu des deux stations $C_1$ $C_2$ sous les angles $\alpha_1$

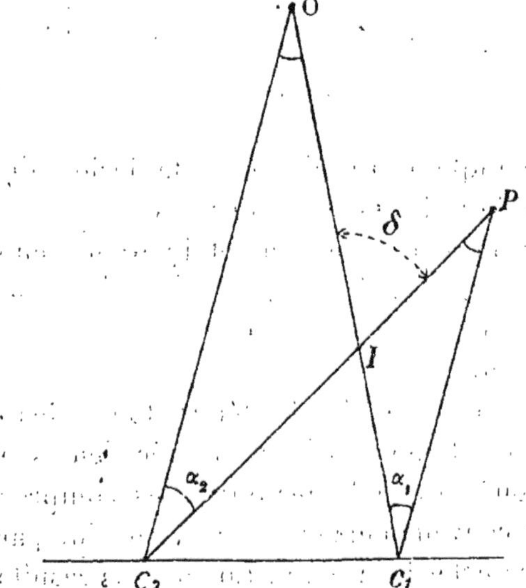


Fig. 7.

et $\alpha_2$. Si la différence $\alpha_2 - \alpha_1$ est nulle ou négligeable, il est clair que les observateurs $C_1$ $C_2$ peuvent, sans inconvénient, adopter le même écart angulaire pour indiquer la direction du point O par rapport à celle du point P.

Calculons la différence $\alpha_2 - \alpha_1$.

En considérant l'angle $\delta$ extérieur aux deux triangles $C_1$ I P, $C_2$ I O, on a successivement :

$$\delta = \alpha_1 + \widehat{P},$$
$$\delta = \alpha_2 + \widehat{O}.$$

D'où :
$$\alpha_2 - \alpha_1 = \widehat{P} - \widehat{O}.$$

Cette formule fondamentale est *à retenir par cœur*. Elle exprime que la différence $\alpha_2 - \alpha_1$ est égale à la différence des angles sous lesquels, des points P et O, on verrait le front $C_1$ $C_2$.

Cette différence $\widehat{P} - \widehat{O}$ peut d'ailleurs atteindre des valeurs considérables. Il en est ainsi notamment lorsque les points P et O se trouvent dans des directions voisines et sont très éloignés l'un de l'autre, l'un d'eux étant très rapproché du front $C_1$ $C_2$.

Pour un même point de repère P et les mêmes stations $C_1$ $C_2$, l'angle P reste le même, mais l'angle O varie lorsque le but change. Il en résulte la nécessité de calculer chaque fois la différence $\widehat{P} - \widehat{O}$ pour en tenir compte s'il y a lieu.

Nous reviendrons ultérieurement avec plus de détails sur la correction de station ; il nous suffit pour le moment de signaler la difficulté de causer « millièmes » avec des observateurs dont on est éloigné. C'est d'ailleurs pour cette raison qu'on admet aussi (premier renvoi du n° 219 du titre IV du Règlement provisoire mis à jour) l'emploi de croquis pour désigner les objectifs. Ces croquis peuvent être perspectifs ou planimétriques, mais ils doivent toujours être très simples.

### *Autres instruments de mesures angulaires — La réglette de direction — La lunette de batterie ou le théodolite — Le sitogoniomètre modèle 1911.*

Nous venons de voir tous les services que peuvent rendre la main et la jumelle dans la mesure des écarts angulaires. Le Règlement indique, en outre, pour cette même opération :

*La réglette de direction;*

*La lunette de batterie (ou le théodolite);*

*Le sitogoniomètre modèle 1911.*

Nous avons déjà fait connaître notre préférence pour la main, d'une façon générale. Quant à la réglette de direction fixée au vêtement, elle n'offre qu'une sécurité aléatoire.

Comment assurer, en effet, la régularité de la longueur d'un cordonnet passé dans la boutonnière supérieure d'un *vêtement plus ou moins ample?* Ne faut-il pas régler d'ailleurs, *comme pour la main, le port correct et uniforme de la tête?* La réglette est cependant assez souvent en faveur, parce que ses graduations mettent immédiatement en confiance le débutant, qui voit, d'autre part, dans la préparation du tir, une opération minutieuse, exigeant une précision toute mathématique.

Quoi qu'il en soit, le Règlement (art. III de l'annexe n° II du titre IV) décrit la réglette de direction et indique la manière de s'en servir pour ceux qui sont tentés de lui attribuer une exactitude exagérée.

La lunette de batterie ([1]) ne fait pas, au contraire, double emploi avec la main : elle permet de mesurer les écarts angulaires avec précision et, seule, elle convient à la mesure satisfaisante des grands écarts angulaires. Malheureusement, elle est lourde et peu

---

[1] Ou le théodolite.

portative, elle exige une mise en station et on ne l'a pas toujours sous la main. On en néglige ainsi souvent l'emploi alors que, dans certaines circonstances, elle pourrait rendre des services appréciables. En particulier, elle permettrait, quand on en aurait le temps, de contrôler la valeur de certains éléments obtenus par des procédés de fortune pendant la préparation du tir. Elle fait connaître, en effet, l'angle de site, la hauteur-type et les écarts angulaires, grands et petits, avec une grande précision. Quoi qu'il en soit, s'il faut savoir se passer d'elle le plus souvent, il est bon aussi de connaître les règles de son emploi. Elles font l'objet de l'article II de l'annexe n° II du titre IV du Règlement provisoire de manœuvre, mis à jour au 1<sup>er</sup> octobre 1913.

Pour ne jamais oublier la façon d'employer la lunette, soit pour mesurer un écart angulaire, soit pour déterminer la dérive d'une pièce, on peut faire les remarques suivantes :

Pour mesurer un écart angulaire il faut viser d'abord l'objet le plus à gauche, car les graduations du plateau du pied de lunette vont en croissant dans le sens des aiguilles d'une montre.

Pour obtenir la dérive d'une pièce, viser d'abord le but qui est généralement moins net que le point de pointage, toujours facile à retrouver.

Un théodolite est d'ailleurs proposé, comme nous l'avons déjà dit, pour remplacer, en tant qu'instrument de mesure, la lunette de batterie.

L'emploi du théodolite pour mesurer une dérive ou un écart angulaire ainsi qu'un angle de site est des plus simples. La figure 8 ci-après, ainsi que sa légende, montrent l'organisation du théodolite proposé pour supporter la lunette binoculaire.

Les principales règles d'emploi de l'instrument sont également indiquées à la suite de la légende.

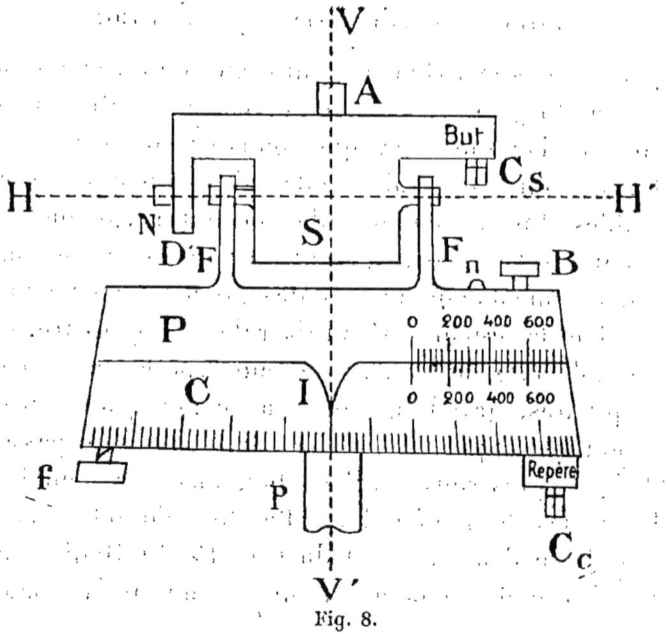



Fig. 8.

A. Axe destiné à recevoir la lunette binoculaire.

S. Support de lunette, solidaire d'une part du mouvement de rotation du plateau divisé P autour de l'axe VV' et susceptible, d'autre part, de tourner lui-même autour de l'axe HH', ses tourillons reposant dans un dispositif à fourche F.

f. Bouton de pression ou frein empêchant, lorsqu'il est serré, la rotation de la couronne C autour de VV'.

p. Pied à rotule permettant de rendre horizontal le plateau divisé P portant à cet effet le niveau sphérique $n$.

P. Plateau divisé pouvant tourner par rapport à C soit à la main (grands déplacements), soit au moyen du bouton B (petits déplacements).

I. Index du plateau P permettant de lire les graduations de la partie inférieure de la couronne en plateau et tambour.

Cs. Collimateur du support portant la mention « But » pour indiquer que c'est lui qui est à diriger sur le but.

Cc. Collimateur de la couronne portant la mention « Repère » pour indiquer qu'il doit être dirigé sur le repère du chef d'escadron ou sur le point de pointage.

N. Niveau à bulle d'air susceptible de tourner autour de HH' au centre du disque gradué D. Ce dispositif permet de mesurer les angles de site.

Sur le plateau et à la partie supérieure de la couronne se trouvent deux graduations en dizaine de millièmes comprenant de 0 à 1 600 et un second quadrant de 0 à 1 600 à la suite du premier.

Par construction, lorsque les zéros sont vis-à-vis, les collimateurs Cs, Cc sont parallèles et l'index I est en face de P. 0 T. 100 de la graduation inférieure de la couronne C.

*Emploi.* — Soit à mesurer une dérive. On dirige Cs sur le but en faisant tourner P d'abord à la main puis, pour finir, au bouton B. On desserre $f$ et on fait mouvoir la couronne par rapport à P pour diriger Cc sur le point de pointage. On lit devant I l'écart angulaire cherché, converti en plateau et tambour.

L'écart angulaire en millièmes se lit soit sur le plateau, soit sur le haut de la couronne. Il se lit sur le plateau en face du trait origine 0 de la couronne, si le plateau P s'est déplacé vers la gauche par rapport à la couronne. Il se lit, au contraire, sur la couronne si P s'est déplacé vers la droite. On ne peut se tromper dans cette lecture puisqu'on ne peut la faire en face de celui des traits 0 qui est sorti des divisions après rotation du plateau.

Pour mesurer un angle de site, la ligne de foi horizontale du collimateur Cs étant sur le but, on amène entre ses repères la bulle du niveau N en faisant tourner ce niveau autour de l'axe HH'. La division du disque D donne la valeur cherchée.

Nous terminerons ce paragraphe en mettant en évidence quelques avantages du millième :

1º Lorsque, d'un point O (fig. 9), on a mesuré un front $ab$ en millièmes, on peut calculer immédiatement la longueur de ce front en mètres si on en connaît la distance au point O, en kilomètres.

Puisque le front $ab$ est vu du point O sous $n$ millièmes, sa longueur serait, en effet, de $n$ mètres s'il était à 1 kilomètre du point O.

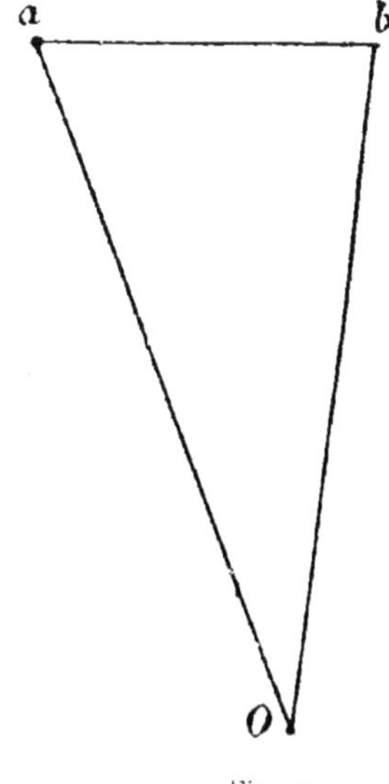

Fig. 9.

S'il en était à 2, 3, etc. kilomètres, sa longueur serait de $2n$, $3n$, etc. mètres.

Cette règle très simple permet de résoudre pratiquement le problème suivant :

Un réglage du tir en portée a donné 3 800 mètres comme hausse d'un but vu sous 20 millièmes : quel est le front de ce but en mètres ?

D'après la règle précédente, il est de $3,8 \times 20 = 76$ mètres.

Cette connaissance du front en mètres est nécessaire pour savoir, par exemple, si une batterie peut le battre ou non avec ses quatre pièces et sans faucher.

Une unité d'angle autre que le millième ne se prêterait pas à une évaluation aussi simple ;

2° Lorsqu'on connaît en mètres l'étendue d'un front, ainsi que sa distance kilométrique, on peut en déduire, par une simple division, l'angle sous lequel ce front serait vu.

*Exemple.* — On veut connaître, sans aller en O

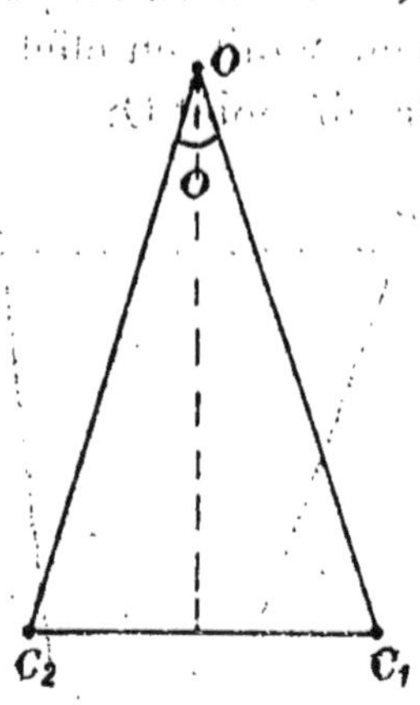

Fig. 10.

(fig. 10), l'angle sous lequel on verrait de ce point O, situé à D kilomètres, le front des deux stations $C_1 C_2$.

Cet angle est égal à $\dfrac{C_1 C_2}{D}$ millièmes.

Si $C_1 C_2 = 76$ mètres et $D = 3,8$, on a

$$\widehat{O} = \frac{76}{3,8} = 20 \text{ millièmes.}$$

Cette règle trouve de nombreuses applications ; elle sert notamment à calculer éventuellement $\widehat{P} - \widehat{O}$.

## § 2. — LES PROCÉDÉS DE POINTAGE DU CANON DE 75

### I — Pointage en hauteur.

Le pointage en hauteur a pour but de donner à la pièce l'inclinaison convenable pour tirer à une distance déterminée D. En terrain horizontal, cette inclinaison n'est autre que l'angle de tir inscrit dans la table de tir en face de la distance D (¹). Le canon pointé est ainsi incliné suivant OT (fig. 11) et la trajectoire est OMP. Si l'on fait tourner la figure autour du point O d'un angle ε pour amener OMP en OM′P′

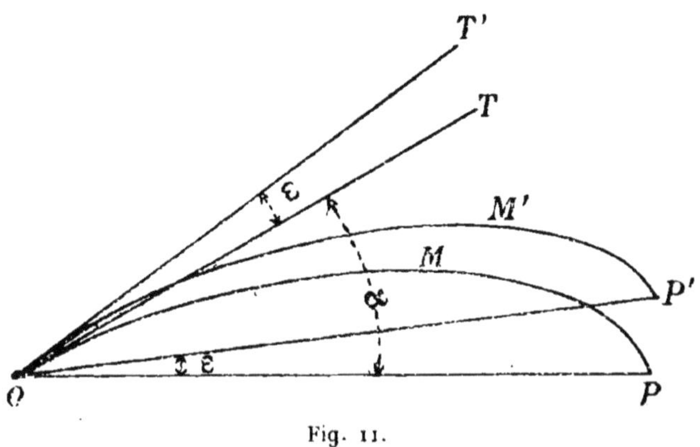


Fig. 11.

et OT en OT′, le canon sera incliné de $\alpha + \varepsilon$ et la trajectoire passera par le point P′ situé, à la distance D, sur le plan OP′ incliné de l'angle ε sur l'horizon.

L'angle ε est l'angle de site du point P′.

On voit que, pour atteindre un point P′, défini par l'angle de site ε et la distance D, il faut incliner le canon de l'angle $\alpha + \varepsilon$.

Ce résultat peut être atteint comme il suit au moyen de la *hausse indépendante*.

D'une part, en agissant sur le mécanisme M (fig. 12), on incline le berceau B et, par suite, le canon, de l'angle de site ε sur l'horizontale et, d'autre part, en agissant sur le système à vis V et écrou E, on incline le canon de l'angle α sur le berceau. L'angle ε est donné au moyen d'un niveau N mobile sur une graduation *g* en millièmes, et l'angle α sur une gra-

---

(¹) Tables de tir du canon de 75 mod. 1897.

duation en distances, placée sur le côté droit du
corps du frein.

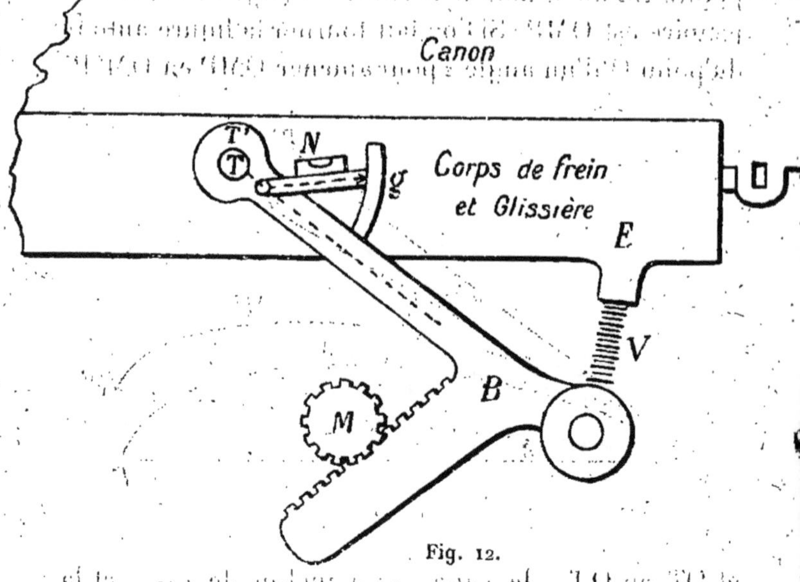



Fig. 12.



Pour que le fonctionnement du système soit
assuré, il faut que les jeux des mécanismes soient
aussi faibles que possible, c'est-à-dire que le canon
obéisse au moindre déplacement des manivelles de
commande du mouvement du berceau (volant de
pointage en hauteur) et du mouvement du canon
par rapport au berceau (manivelle de hausse). Pour
cela, il faut que les tourillons T de la glissière
puissent « tourillonner » facilement dans les tourillons T' du berceau, et ceux-ci dans les sous-
bandes de l'affût. Cette condition est remplie si les
prescriptions du Règlement relatives à l'entretien
du matériel sont bien observées (n°s 68, 69, 78, 110
à 112 du chapitre III de la première annexe du
titre IV du Règlement mis à jour au 1er octobre
1913).

D'ailleurs, d'une façon générale, les servants sont
dressés à terminer toujours les mouvements de

manivelle ou de volant dans le même sens de façon à éliminer, dans le pointage des coups successifs d'un même canon, l'influence des jeux, si petits qu'ils soient, dans les transmissions [1].

## II — *Pointage en direction.*

L'appareil de pointage en direction comprend un collimateur à ligne de foi verticale *ab* (fig. 13) porté par une colonne C. Cette colonne pénètre dans son pied P et peut être désorientée à la main par rapport à ce dernier. A cet effet, elle présente, dans sa partie élargie E, une couronne dentée (non représentée) qui engrène avec une couronne identique portée par le pied. La rotation est possible lorsqu'on appuie sur la colonne C pour désembrayer les deux couronnes qu'un ressort à boudin tend à maintenir l'une contre l'autre. Le trait de repère R mesure, sur la graduation G du pied, la grandeur de la rotation de la colonne. La graduation G, de 200 en 200 millièmes, constitue le « plateau ».

Quant au pied de la colonne, il est lui-même fixé dans la douille D du support de pointage S (porté par l'affût) par un arrêtoir à ressort qui pénètre dans le logement L après avoir franchi la rampe *r*. L'en-



---

(1) D'une façon générale, considérons une manivelle dont le déplacement devant un disque gradué entraine par l'intermédiaire d'engrenages, le mouvement d'un organe déterminé. A une position de la manivelle, caractérisée par une division N du disque, doit correspondre une position définie de cet organe, lorsqu'il n'y a pas de jeux. S'il y a des jeux, la manivelle tourne au début sans mettre en mouvement l'organe commandé et lorsque la manivelle arrive en N, cet organe est en retard sur la position qu'il devrait prendre. Les jeux n'étant pas les mêmes dans les deux sens, ce retard varierait avec le sens adopté pour effectuer la rotation. En adoptant au contraire toujours le même sens de rotation, ce retard reste constant. En particulier, quand il s'agit du pointage en hauteur, le canon reste comparable à lui-même si on tourne le volant de pointage en hauteur ou la hausse toujours dans le même sens pour terminer le mouvement.

Il faut d'ailleurs que les jeux restent petits, de façon à être peu différents d'un canon à l'autre.

semble du pied et de la colonne peut recevoir, d'autre part, un mouvement de rotation par l'intermédiaire de la douille D.

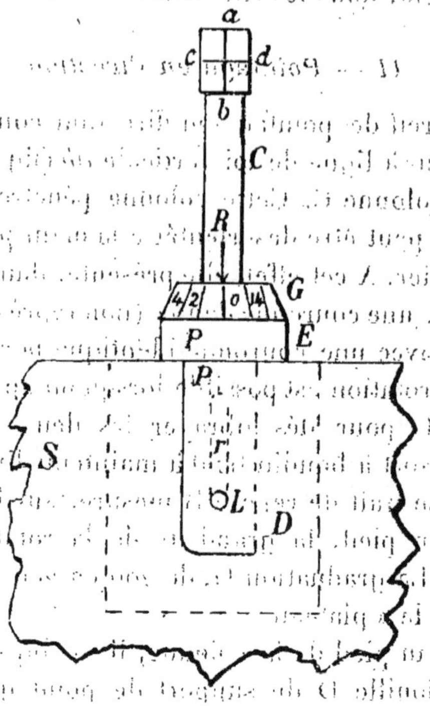

Fig. 13.

Ce mouvement de rotation est commandé par le tambour T (fig. 14) qui actionne la vis V, laquelle fait tourner la douille D par l'intermédiaire de la dent $d$ et du tenon d'emboîtement $t$.

La rotation est mesurée en millièmes par une graduation $g$ portée par le tambour T mobile devant le trait de repère $r$.

On appelle *dérive* l'ensemble des graduations du plateau et du tambour, quand la pièce est pointée en direction. Par construction, quand la graduation 100 du tambour est en face du trait $r$ (fig. 14) et quand le plateau est à zéro (R devant $b$), le plan de visée $ab$ (fig. 13) est parallèle au plan de tir (plan vertical passant par l'axe de la bouche à feu).

La figure 15 montre que les graduations du plateau vont en croissant dans le sens des aiguilles d'une montre, de o à 1 600 dans les quatre cadrans. Il en résulte que si, la pièce étant pointée, on diminue la dérive en déplaçant le plan de visée dans le sens de

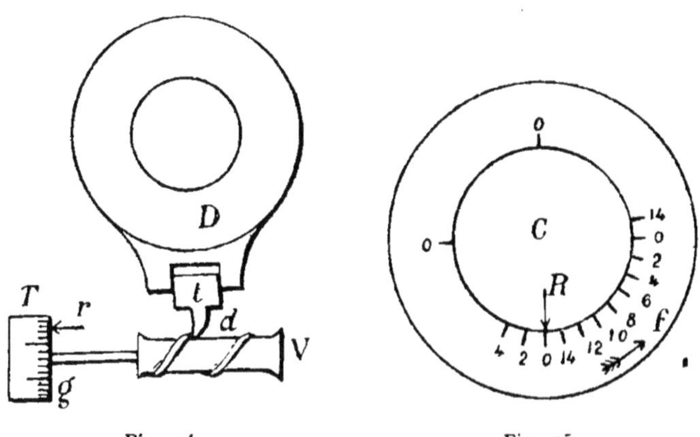



Fig. 14.     Fig. 15.

la flèche *f*, on amène le plan de visée à passer à gauche du but. Par suite, pour repointer en direction avec la nouvelle dérive, il faut faire tourner la pièce vers la droite. *On porte donc les coups vers la droite si, pointant toujours sur le même point, on diminue la dérive. Inversement, si on augmente la dérive, on porte les coups vers la gauche.*

Ces règles très simples se retiennent facilement en remarquant que les mots « diminuer » et « droite » commencent tous deux par la lettre *d*.

### *Emploi d'un point de pointage.*

L'objectif est généralement très peu visible et il est difficile de pointer directement sur lui. Mais on peut éviter cette difficulté en pointant sur un point bien net avec une dérive convenable. La détermination de cette dérive est facile en remarquant que si on pointait sur le point P (fig. 16) avec P. o T. 100 (Plateau o Tambour 100), le coup irait frapper dans

la direction CP. Par suite, pour lui faire prendre la
direction CO, tout en continuant à pointer sur le
point P, on n'a qu'à adopter la dérive P. o T. 100
augmentée ou diminuée, suivant les cas, d'une quantité égale à α millièmes.

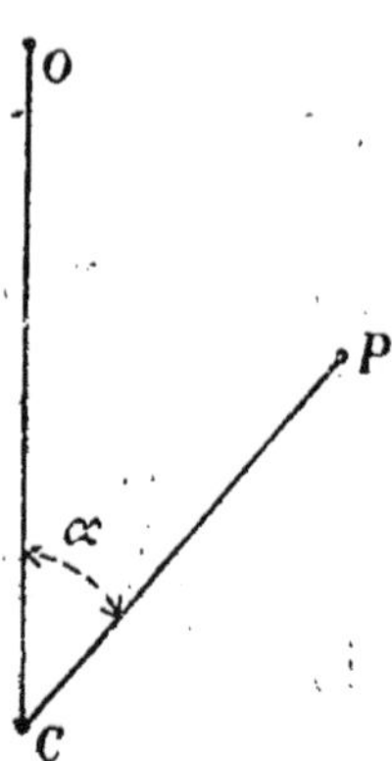

Fig. 16.

*Exemples*. — Supposons O à 175 millièmes à gauche de P; la dérive à adopter est alors :

$$100 + 175 = 275 \text{ millièmes, soit P. 2 T. 75.}$$

Supposons O à 175 millièmes à droite de P; la
dérive à adopter est : 1 700 ([1]) — 175 = 1 525, soit
P. 14 T. 125.

Les considérations précédentes permettent, comme
on le voit, de pointer un canon quelconque, pourvu
qu'on connaisse l'angle α correspondant. Lorsqu'il
s'agit d'en pointer plusieurs, ceux d'une batterie par
exemple, on peut se demander s'il est bien indispensable de stationner sur chaque emplacement de pièce
pour y mesurer la dérive correspondante, ou si la dérive mesurée pour la pièce de droite peut encore con-

---

([1]) Pour les soustractions, il est commode de remarquer que
la dérive P. o T. 100, qui correspond à l'origine d'un cadran, n'est
autre que la dérive P. 16 T. 100, qui correspond à la limite voisine du cadran adjacent. Or, P. 16 T. 100 équivaut à 1 700 millièmes.

venir pratiquement aux autres canons. La question est à examiner, car s'il fallait faire une station par canon, on serait conduit à des lenteurs le plus souvent inadmissibles et parfois même à des impossibilités dans le cas où, de certains emplacements, on ne pourrait apercevoir que le point de pointage et non le but.

La réponse est fournie, comme on va le voir, par la théorie de la correction de convergence.

### *Théorie de la correction de convergence.*

Soient (fig. 17) $C_1, C_2$ les deux premières pièces d'une batterie et $\alpha_1$, $\alpha_2$ les écarts angulaires mesurés par rapport au point de pointage P.

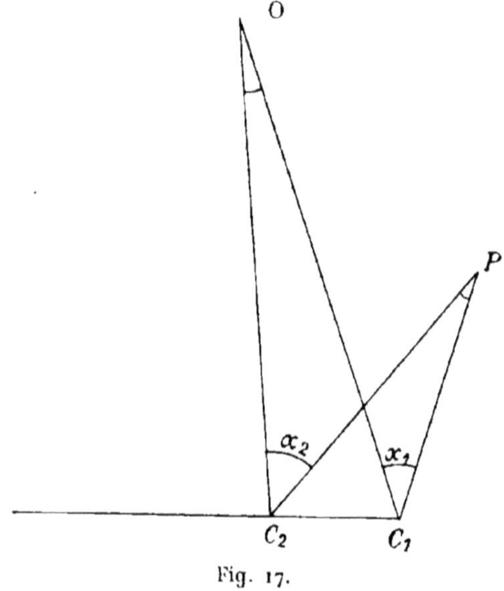


Fig. 17.

Nous avons établi (page 19) la formule :

$$\alpha_2 = \alpha_1 + \widehat{P} - \widehat{O}$$

mais seulement dans le cas où les points P, O, $C_1$ et $C_2$ occupent les positions relatives indiquées sur la figure 17.

On peut démontrer que cette formule convient à

tous les cas, c'est-à-dire quelles que soient les positions du point P par rapport aux points $C_1$, $C_2$ et O, à condition :

1° D'affecter l'angle P du signe $+$ quand le point P est en avant du front $C_1 C_2$ et du signe $-$ dans le cas contraire ;

2° De compter les écarts angulaires $\alpha_1$ et $\alpha_2$ positivement, si le but est à la gauche du point de pointage, et négativement dans le cas contraire.

3° D'affecter du signe $-$ la correction $\widehat{P} - \widehat{O}$ si le point $C_2$ est à droite de $C_1$ (¹).

------

(1) A titre d'exemple, démontrons que dans le cas où le point P est en arrière (fig. 18), la formule

$$\alpha_2 = \alpha_1 + \widehat{P} - \widehat{O}$$

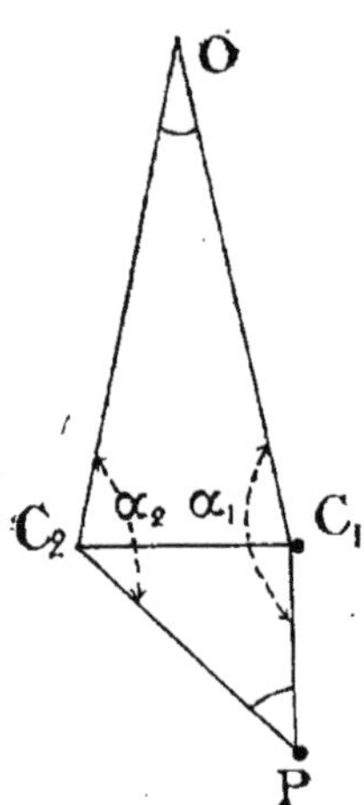


Fig. 18.

convient encore avec les conventions ci-dessus. Dans ce cas $\alpha_1$ et $\widehat{P}$ doivent être affectés du signe $-$ et la formule s'écrit :

$$\alpha = -\alpha_1 - \widehat{P} - \widehat{O}.$$

Mais une direction définie par un angle ne change pas si on augmente cet angle de 4 angles droits. On peut donc écrire :

$$\alpha_2 = -\alpha_1 - \widehat{P} - \widehat{O} + 4 \text{ droits.}$$

Or, dans le quadrilatère $OC_1 C_2 P$, on a :

$$\alpha_1 + \alpha_2 + \widehat{P} + \widehat{O} = 4 \text{ droits,}$$

égalité qui reproduit bien celle déduite de la formule.

Dans le cas où il s'agit des angles $\alpha$ convenant aux emplacements des divers canons d'une batterie, on passe de l'un à l'autre *en ajoutant* $\widehat{P} - \widehat{O}$, $\widehat{P}$ et $\widehat{O}$ étant les angles sous lesquels des points P et O on verrait le front occupé par les deux canons considérés.

Si $\delta_1$ est la dérive du premier canon, $\delta_2$ celle du second, on a donc sur la figure 19 :

$$\delta_2 = \delta_1 + \widehat{P_1} - \widehat{O_1}.$$

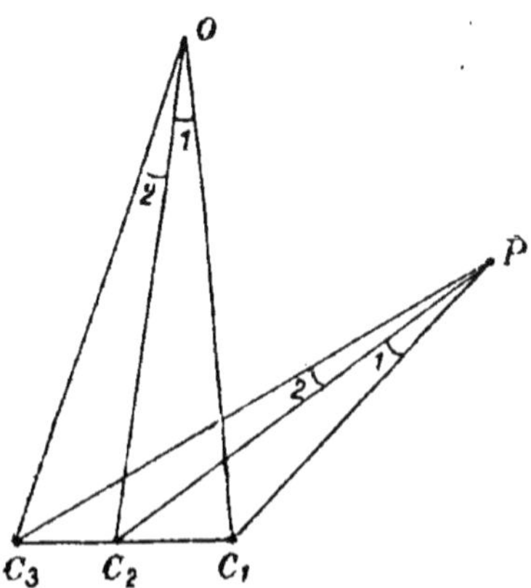


Fig. 19.

Pour les mêmes raisons, on a, en appelant $\delta_3$ la dérive du troisième canon

$$\delta_3 = \delta_2 + \widehat{P_2} - \widehat{O_2}$$

et ainsi de suite.

Mais on démontre que

$$\widehat{P_1} - \widehat{O_1} = \widehat{P_2} - \widehat{O_2} = \text{etc.}\,(^1).$$

On a donc, en supprimant les indices :

$$\delta_2 = \delta_1 + \widehat{P} - \widehat{O},$$
$$\delta_3 = \delta_2 + \widehat{P} - \widehat{O} = \delta_1 + 2\,(\widehat{P} - \widehat{O})$$

et ainsi de suite.

---

($^1$) Pour démontrer que $\widehat{P_1} - \widehat{O_1} = \widehat{P_2} - \widehat{O_2} =$ etc., nous remarquerons que le but O étant toujours dans une direction assez voisine de la normale au front, les angles $O_1$, $O_2$, etc.,

D'où la règle à retenir par cœur :
*On peut faire converger tous les canons sur le*

sont très sensiblement égaux. Il faut donc démontrer que l'on a également, *d'une façon très approchée*, $P_1 = P_2 =$ etc.

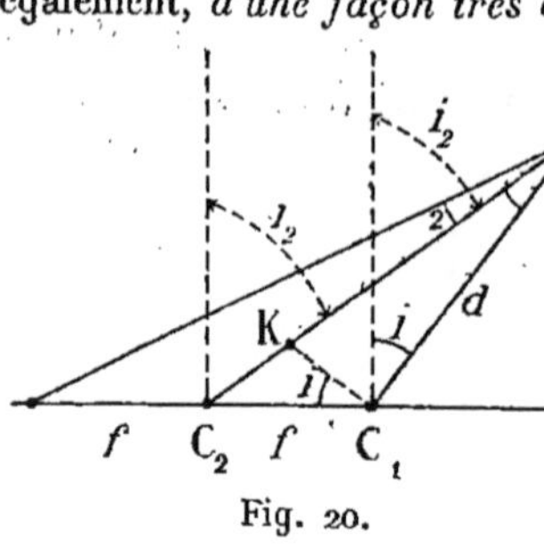

Fig. 20.

Sur la figure 20, on a :

$$C_1 K = d \operatorname{tg} P$$

$$\frac{C_1 K}{\sin C_2} = \frac{f}{\cos P}$$

ou, comme

$$C_2 = \frac{\pi}{2} - i_2 = \frac{\pi}{2} - (i + P):$$

$$\frac{C_1 K}{\cos (i + P)} = \frac{f}{\cos P}$$

On a donc :

$$\frac{d \operatorname{tg} P}{\cos i \cos P - \sin i \sin P} = \frac{f}{\cos P}.$$

D'où :

$$(1) \quad \operatorname{tg} P = \frac{f \cos i}{d + f \sin i}$$

De même :

$$\operatorname{tg} P_2 = \frac{f \cos i_2}{d_2 + f \sin i_2} = \frac{f \cos (i + P)}{d_2 + f \sin (i + P)}$$

ou, comme dans le triangle $C_2 C_1 P$ on a :

$$d_2 = \sqrt{d^2 + f^2 + 2 f d \sin i}$$

$$\operatorname{tg} P_2 = \frac{f \cos (i + P)}{f \sin (i + P) + \sqrt{d^2 + f^2 + 2 f d \sin i}}$$

ou, en remplaçant P par sa valeur tirée de (1) :

$$(2) \quad \operatorname{tg} P_2 = \frac{f d \cos i}{2 f^2 + d^2 + 3 f d \sin i}$$

De (1) et (2) on déduit :

$$(3) \quad \operatorname{tg} P - \operatorname{tg} P_2 = 2 f^2 \frac{(f + d \sin i) \cos i}{(d + f \sin i)(2 f^2 + d^2 + 3 f d \sin i)}$$

Or, on a, évidemment puisque $d > f$ :

$$f(1 - \sin i) < d(1 - \sin i)$$

ou :

$$f + d \sin i < d + f \sin i.$$

On a donc :

$$\operatorname{tg} P - \operatorname{tg} P_2 < \frac{2 f^2 \cos i}{2 f^2 + d^2 + 3 f d \sin i}$$

ou, *a fortiori* :

$$\operatorname{tg} P - \operatorname{tg} P_2 < \frac{2 f^2}{2 f^2 + d^2}$$

Pour $f = 16$ et $d = 500$ le second membre est égal à 0,002.
La différence est donc toujours inférieure au moins à deux

*même point du but en les pointant sur le même point de pointage avec des dérives échelonnées, à partir de la pièce de droite, de la quantité $\widehat{P} - \widehat{O}$ qui, pour cette raison, se nomme « échelonnement de convergence ».*

### Calcul de $\widehat{P} - \widehat{O}$.

Nous allons calculer $\widehat{P} - \widehat{O}$ dans le but d'en déduire quelques règles pratiques faciles à retenir et qui permettront, par un choix convenable du point de pointage, d'éviter tout calcul sur le terrain.

D'ailleurs, les calculs ne pourraient être que très approximatifs, étant donné que l'on connaît mal les distances des points P et O.

1° *Point de pointage en avant, dans une direction quelconque.*

On supposera d'abord le point P dans une direction voisine de celle du but.

Si P est au quart de la distance D du but (en kilomètres), la parallaxe

$$\widehat{P} = \frac{16}{1/4\,D} = 4 \times \frac{16}{D};$$

et comme

$$\widehat{O} = \frac{16}{D},$$

on a

$$\widehat{P} - \widehat{O} = 3 \times \frac{16}{D}.$$

On trouverait de même que si P est à mi-distance ou aux 3/4 de distance du but, la différence $\widehat{P} - \widehat{O}$ est respectivement égale à : $\frac{16}{D}$ ou à $\frac{1}{3}\frac{16}{D}$.

---

millièmes dès que $d > 500$ mètres. On a donc raison d'admettre dans la pratique : $P = P_2 =$ etc.

La formule (3) permet d'ailleurs de calculer l'erreur exacte que l'on commet ainsi pour les valeurs de $d$ et de $i$ quelconques et de voir que, dans tous les cas, elle est pratiquement négligeable.

Si l'on s'astreint à ne jamais prendre de point de pointage à moins de 1000 mètres des pièces, on peut pratiquement remplacer les expressions précédentes, qui varient avec D, par leurs valeurs moyennes 15, 5 et zéro, la valeur 15 convenant encore au cas où le point de pointage est situé à moins du quart de la distance du but.

*Exemples.* — 1° Le point de pointage étant à 1000 mètres, et le but à 2 000 mètres, la correction pratique est égale à + 5. Sa valeur exacte $\dfrac{16}{D} = 8$ millièmes : l'erreur est négligeable.

2° Le point de pointage étant à 1 000 mètres et le but à 5 kilomètres, la correction pratique est égale à +15. Sa valeur exacte est $\widehat{P} - \widehat{O} = \dfrac{16}{1000} - \dfrac{16}{5000} = 12$ millièmes : l'erreur est négligeable.

3° Le point de pointage étant à 1000 mètres et le but à 3 kilomètres, la correction pratique est comprise entre 5 et 15, soit 10.

Sa valeur exacte est $\widehat{P} - \widehat{O} = \dfrac{16}{1000} - \dfrac{16}{3000} = 11$ millièmes environ : l'erreur est négligeable.

Les valeurs pratiques adoptées plus haut sont analogues à celles qui sont indiquées sur les quatre premières figures du n° 152 du titre IV du Règlement.

Lorsque P est au delà du but, on néglige la correction $\widehat{P} - \widehat{O}$ car elle est négative. On écarte ainsi davantage les plans de tir que si on en tenait compte. (Cas de la 5ᵉ figure du n° 152 du titre IV du Règlement.)

### *Règles pratiques.*

En résumé, quelle que soit la distance du but et quelle que soit la direction du point de pointage en avant, on n'a pas à faire de correction de convergence si la distance du point de pointage est égale ou supérieure à celle du but. Cette correction est de zéro, 5 ou 15 millièmes suivant que P est situé aux 3/4, à la moitié ou au 1/4 de la distance du but. On ne prend, d'ailleurs, jamais P à moins de 1 000 mètres.

### 2° *Point de pointage en arrière.*

*En pointant toutes les pièces en arrière sur le même point avec la dérive de la première pièce, on obtient un faisceau dont l'ouverture est sensiblement de 10 ou de 15 millièmes suivant que la distance du point de pointage est de 4 000 ou 2 000 mètres* (¹).

### 3° *Point de pointage latéral.*

Si les canons sont bien alignés et si l'on peut trouver un point de pointage sur cet alignement, il est clair qu'en pointant toutes les pièces sur ce point avec la même dérive, on obtient le parallélisme exact. Mais ces conditions sont difficiles à réaliser pratiquement. Aussi faut-il se contenter d'assurer *à hauteur du but* la séparation des coups des divers canons de la batterie. Cette condition est remplie dans le cas où, pour assurer la convergence des canons à hauteur du but, il faudrait adopter un échelonnement négatif. Cette remarque fournit la règle pratique suivante :

*Si le point de pointage est à moins de 200 millièmes de la direction du front de la batterie et à au*

---

(¹) Démontrons cette règle pour un point de pointage à 4 000 mètres en arrière et des buts compris entre 2 000 et 5 000 mètres.

Pour 2 000, on a : $\widehat{O} = 8$ millièmes et pour 5 000, $\widehat{O} = 3$ millièmes.

Pour 4 000, $\widehat{P} = -4$ millièmes ; $\widehat{P} - \widehat{O}$ varie donc de $-12$ à $-7$ ; sa valeur moyenne est bien $-10$. Cela posé, si on échelonnait les dérives de $-10$, on obtiendrait la convergence des pièces sur le point O. En ne le faisant pas, la deuxième pièce tire à 10 millièmes à gauche de la première, la troisième à 10 millièmes à gauche de la deuxième et ainsi de suite : les pièces, au lieu de converger, sont bien en faisceau d'ouverture 10.

moins 1 000 mètres de distance, on peut réaliser le parallélisme pratique en pointant toutes les pièces avec la même dérive.

En effet, pour des buts situés de 2 000 à 4 000 mètres, la parallaxe $\widehat{O}$ varie de 8 à 4 millièmes. Il en résulte que la correction $\widehat{P} - \widehat{O}$ est négative, si P est au plus égal à 4 millièmes.

Or on a établi (renvoi de la page 34) formule (1) :

$$\text{tg } P = \frac{f \cos i}{d + f \sin i}$$

Soit ici

$$\text{tg } P < \frac{1\,000 + 16 \times 0,98}{16 \times 0,200} = 9,003.$$

Dans ce cas la parallaxe P est bien inférieure à 4 millièmes et la correction $\widehat{P} - \widehat{O}$ toujours négative. Le parallélisme pratique est donc obtenu.

### *Abaque de la correction de convergence.*

De nombreux auteurs ont fait une étude théorique complète de la correction de convergence et en ont mis les résultats en abaque. A titre de curiosité, nous allons donner un exemple de ces abaques.

Pour le construire, on a tracé des cercles lieux des points de même parallaxe : soit AB (fig. 21) le diamètre de l'un d'eux, correspondant à la valeur P de la parallaxe.

En confondant la corde $C_1 C_2$, relativement courte, avec l'arc qu'elle sous-tend, on a approximativement :

$$C_1 C_2 = f = 2\,\widehat{P} \times \frac{AB}{2}$$

D'où

$$AB = \frac{f}{\widehat{P}} = \frac{16}{\widehat{P}}.$$

Si l'on veut, par exemple, tracer le cercle correspondant à la parallaxe 2, on prend pour diamètre $\frac{16}{2} = 8$ kilomètres.

On trace ainsi, à une échelle arbitraire, les cercles lieux des points dont la parallaxe est 1, 2, 3, etc. millièmes. Sur la verticale AB (fig. 22), on inscrit, aux points de rencontre, la valeur réelle arrondie des diamètres correspondants.

Ainsi pour $\widehat{P} = 3$, $AB_3 = \dfrac{16}{3} = 5^{km}33$, on inscrit, à l'intersection de la verticale et du cercle de parallaxe 3, la valeur 5 350.

Cela fait, on utilise l'abaque comme il suit : soit P un point de pointage situé à 3 200 mètres dans une

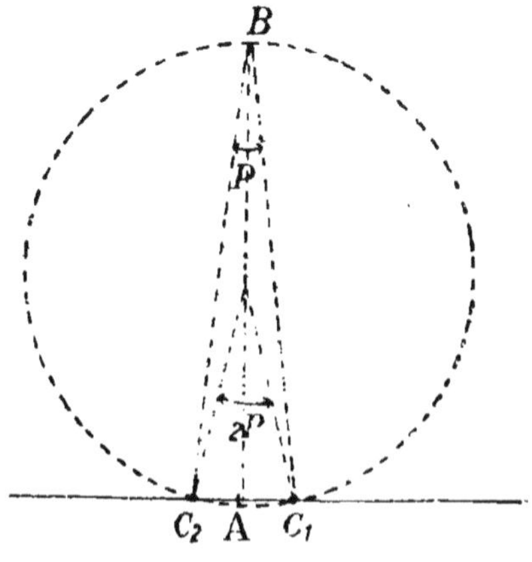


Fig. 21.

direction faisant l'angle connu ω avec le front $C_1 C_2$. Ces données permettent de placer le point P sur l'abaque et d'en déduire que sa parallaxe est comprise entre 4 et 5, alors que, s'il était à la même distance 3 200 m, dans la direction de la normale au front, sa parallaxe serait 5.

Au moyen d'un transparent sur lequel on tracerait des droites à diverses inclinaisons numérotées et des cercles tels que celui qui est représenté en partie sur la figure 22, on pourrait lire immédiatement la parallaxe d'un point situé à une distance quelconque et dans une direction quelconque.

Cet abaque ne présente, comme nous l'avons déjà

dit, qu'un intérêt théorique, étant donné le peu de
précision réalisé dans l'évaluation des distances des

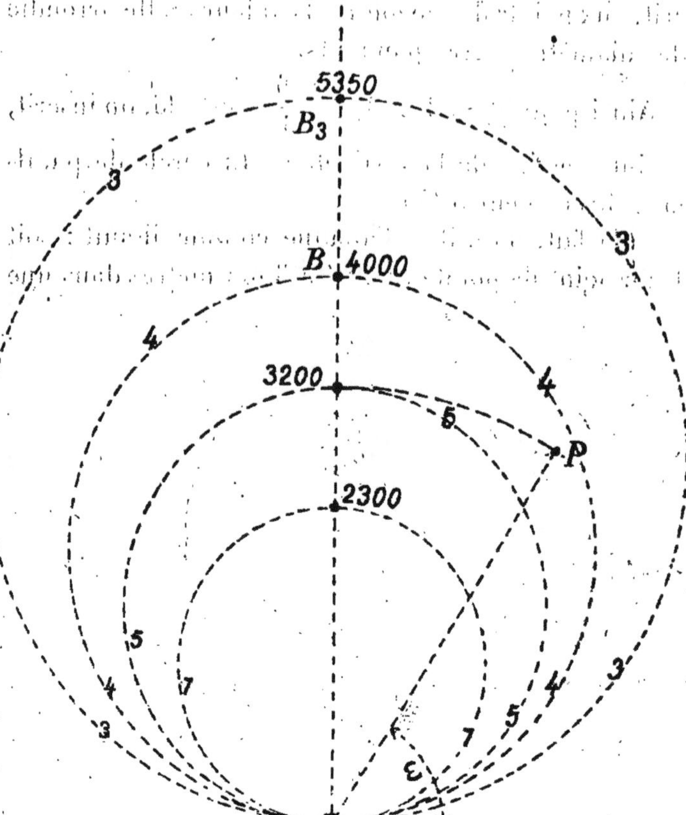


Fig. 22.

points P et O et dans la détermination de la direction
du point P.

## Répartition du feu.

La répartition du feu se fait facilement puisque les
opérations précédentes permettent de faire converger
les canons sur la droite du but. Il suffit alors, en effet,
de porter vers la gauche chacun des plans de tir, de la
quantité voulue, par une augmentation convenable de

dérive, de façon à obtenir une répartition uniforme des coups sur le front à battre.

On arrive à ce résultat par un échelonnement des dérives nommé « échelonnement de répartition ». Nous indiquerons plus loin comment on peut le déterminer.

## § 3 — AUTRES NOTIONS FONDAMENTALES
### DÉFINITIONS

### *Point de repère — Point de pointage*
### *Point de repérage.*

Il convient de fixer les idées, dès le début, sur les dénominations ci-dessus.

Le *point de repère* sert à quiconque veut désigner, à un observateur, un point plus ou moins visible du terrain. C'est plus particulièrement le point qui peut servir au chef d'escadron pour définir les buts à ses capitaines.

Ce point doit être *bien net, bien visible*, ne pas être exposé à *disparaître* et *ne pas se prêter* à des confusions dangereuses avec d'autres points du paysage.

Si le chef d'escadron est très voisin de ses capitaines, le point de repère peut être choisi à une distance quelconque, même relativement faible ; mais si les capitaines sont un peu éloignés, il est nécessaire que ce point soit à une distance convenable pour éviter la correction de station. Nous indiquerons quelques règles à ce sujet à propos de la direction des feux.

Le *point de pointage* sert à l'exécution du tir collectif dans la batterie. Il doit remplir les conditions précédemment indiquées et en particulier ne pas donner lieu au calcul de $\widehat{P} - \widehat{O}$. Il doit, par suite, être toujours choisi au moins au 1/4 de la distance du but et jamais à moins de 1 000 mètres de la batterie.

Le point de repère, au contraire, peut, comme nous l'avons fait remarquer, être exceptionnellement plus rapproché.

Le point de repère et le point de pointage ne sont pas forcément distincts. Si, pour certaines batteries, le point de repère du chef d'escadron satisfait aux conditions énoncées ci-dessus, ces batteries auront tout avantage à l'adopter aussi pour point de pointage.

Supposons, par exemple, que le chef d'escadron, ayant choisi pour point de repère l'arbre en boule B, à 2500 mètres (fig. 23), prescrive à deux de ses capi-

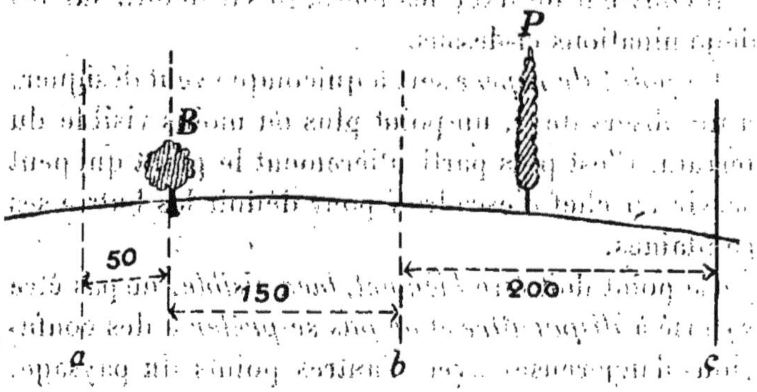

Fig. 23.

taines dont les batteries sont en surveillance de tirer sans nouvel ordre sur tout objectif apparaissant dans leurs zones respectives *bc* et *ab*. Le premier capitaine peut très bien prendre pour point de pointage le peuplier P afin de n'avoir pas à mesurer de trop grands écarts angulaires lorsque le but paraîtra dans la zone *bc*, tandis que le second capitaine prendra avantageusement l'arbre en boule B.

### Point de repérage.

La visée sur un point de pointage peut obliger le pointeur à prendre une position incommode qui n'est admissible que pour le premier pointage.

C'est ce qui arrive, notamment, quand la direction du point de pointage est très écartée de celle du but ou lorsqu'on a dû faire usage de la rallonge pour surélever le collimateur. Il peut arriver également que le point de pointage ne soit pas aussi visible de la pièce que de l'endroit où il a été désigné. Aussi convient-il, en général (1), de repérer la direction dès que le premier pointage est effectué. Ce repérage consiste à diriger le plan de visée sur un point de repérage en agissant sur l'appareil de pointage lui-même, *sans déplacer le canon*.

Le point de repérage doit être fixe, facile à reconnaître et ne pas être exposé à disparaître. Il peut **être choisi**, soit en avant et alors forcément dans un secteur peu étendu de part et d'autre du canon, soit en arrière dans le champ assez restreint du petit miroir dont vient d'**être** muni l'appareil de pointage.

Dans l'un et l'autre cas, l'exiguïté de l'espace dans lequel le point de repérage peut être pris, de part et d'autre de chaque canon, entraîne la nécessité d'abandonner à chaque pointeur l'initiative du choix de ce point. Il convient, par suite, de s'assurer assez souvent que les pointeurs connaissent très bien les règles à observer dans ce choix et *qu'ils les appliquent correctement sur le terrain*.

Le point de repérage doit se trouver à une distance autant que possible supérieure à 5o mètres, de préférence vers la gauche du canon s'il est en avant, vers la droite s'il est en arrière.

A défaut de point de repérage naturel, le pointeur en crée un avec un jalon planté autant que possible en arrière si, pour aller le placer à 5o mètres au moins en avant, il risque de se faire voir de l'ennemi (Règlement de manœuvres, titre IV, n° 58).

---

(1) On ne repère pas, dans le cas du pointage au collimateur, sur but mobile ou lorsque le point de pointage en avant satisfait aux conditions exigées pour le point de repérage (Règlement de manœuvre, titre IV, renvoi du n° 81).

En résumé, l'exécution du tir peut exiger l'usage de trois points particuliers, savoir :

Le *point de repère*, qui peut servir au commandant de groupe pour la désignation des objectifs ;

Le *point de pointage*, qui peut servir, pour pointer en direction les canons de chaque batterie, de façon à les réunir en *faisceau* ;

Le *point de repérage*, qui attache ce faisceau au terrain.

On définit l'ouverture du faisceau par l'échelonnement des dérives adopté pour le former, abstraction faite de la correction de convergence. C'est ainsi que l'on dit qu'un faisceau est ouvert de 10, de 15 quand les dérives sont échelonnées de 10, de 15, abstraction faite de la correction de convergence.

### Position d'attente.

Les pièces sont sur leurs avant-trains, à proximité de la position que l'on pense devoir occuper ; elles sont, bien entendu, défilées aux vues de l'ennemi. Cette position correspond au cas où la direction dans laquelle il faudra tirer est encore trop incertaine pour qu'on puisse mettre en batterie sans inconvénient.

La batterie est prête à se porter sur tout emplacement favorable, autant que possible reconnu à l'avance.

### Position de surveillance.

Au contraire, lorsqu'il est à peu près certain que l'ennemi apparaîtra dans une zone déterminée, il y a le plus souvent avantage à mettre à l'avance les pièces en batterie et à les établir en position de surveillance.

Une batterie est « en position de surveillance » quand ses canons forment un faisceau dont le côté droit passe par le repère du chef d'escadron et dont l'ouverture est de 15 à 20 millièmes. En général, la pièce est au milieu de l'essieu, le frein de roues est relevé et le frein de tir repose sur son coussin : on est ainsi prêt à abattre (Règlement de manœuvre, titre IV, n° 96).

### Principales manières de former le faisceau d'une batterie en surveillance.

1° On peut employer le pointage sur le repère pris comme point de pointage et échelonner les dérives de 15 ou 20 millièmes d'une pièce à l'autre.

2° Si on ne peut pointer sur le repère, on prend un point de pointage, on calcule la dérive de la première pièce de façon que son plan de tir passe par le repère et on pointe les autres pièces sur le même point de pointage avec des dérives échelonnées de l'ouverture du faisceau à obtenir, augmentée, s'il y a lieu, de l'échelonnement de convergence.

*Exemple :* On veut l'ouverture de 15 en pointant sur un point de pointage P à 1 200 mètres, le repère R étant à 3 000 mètres. On sait que pour faire converger les quatre canons sur le repère R tout en pointant sur P, il faut échelonner les dérives de 10 (point de pointage entre la moitié et le quart de la distance du but). Pour obtenir l'ouverture de 15, il faudra donc faire pointer sur P avec des dérives échelonnées de 25.

3° On peut d'abord établir les quatre pièces en parallélisme, qui correspond à un échelonnement de 5 aux distances moyennes (¹), et augmenter cet échelonnement de 10.

4° On peut choisir un point de pointage à 2 000 mètres en arrière et prescrire, pour toutes les pièces, la même dérive que celle de la première pièce.

---

(¹) Cela veut dire qu'en diminuant de 5 la dérive du second canon, on le ferait converger sur le premier à une distance de 3 000 mètres. La parallaxe pour 3 000 mètres d'un front de 16 mètres est en effet de 5 millièmes.

Nous avons vu, en effet, qu'à un point de pointage à 2.000 mètres en arrière, correspondait l'ouverture de 15.

Dans ce cas, la difficulté consiste dans la détermination de la dérive de la première pièce, si on ne dispose pas d'un instrument permettant de mesurer les très grands écarts angulaires.

Quant au parallélisme, on peut le former soit par le procédé réglementaire des visées réciproques, soit par le pointage latéral (Règlement provisoire, titre IV, n° 126).

## Résumé du chapitre I.

L'emploi du matériel à tir rapide exige un langage spécial : le langage du millième. Pour le parler et le comprendre, il suffit d'avoir étalonné ses doigts (40, 35, 30 et 25) et de savoir, en outre, utiliser la jumelle.

Grâce à ce langage, la désignation des objectifs est rapide et précise :

Point de repère : tel objet.

A droite (gauche) : tant (de millièmes) et, éventuellement, site tant.

Tel but (le situer éventuellement en profondeur par rapport à un objet apparent).

Front : tant (de millièmes).

Celui qui reçoit ces indications peut immédiatement en déduire, sur le terrain, la position et le front d'un but.

Il faut cependant, sous peine de graves mécomptes, que ceux qui échangent des conversations en millièmes soient près les uns des autres, surtout si le repère et l'objectif sont à des distances assez différentes. Sans doute, on pourrait, au besoin, calculer la correction de convergence $\widehat{P} - \widehat{O}$, mais les calculs sur le terrain sont à éviter. La désignation par croquis peut alors être avantageusement employée.

De même si, pour orienter et former le faisceau, on veut faire usage d'un point de pointage, il importe d'éviter tout calcul sur le terrain au moyen de quelques règles simples et très peu nombreuses pour être faciles à retenir.

Rappelons ces règles :

L'échelonnement de convergence est nul si la distance du point de pointage est égale ou supérieure à celle du but. Il est de zéro, 5 ou 15 millièmes suivant que cette distance est les trois quarts, la moitié ou le quart de la distance du but. On ne prend pas de point de pointage à moins de 1 000 mètres. Avec cette restriction, la correction 15 convient encore si la distance du point de pointage est inférieure au quart de la distance du but.

Le cas échéant, on interpole en prenant 10.

Pour exécuter le tir collectif sans point de pointage, on emploie des procédés que nous indiquerons dans le chapitre suivant.

Grâce aux règles précédentes, on fait facilement converger les pièces d'une batterie sur la droite du but en opérant de la façon suivante : on mesure l'écart angulaire $\alpha$ du point de pointage et du but, et, suivant le cas, on l'ajoute à 100 ou on le retranche de 1 700 ; on transforme ensuite en « plateau » et « tambour » le résultat de cette opération pour avoir la dérive à adopter pour la première pièce ; les dérives des autres pièces s'obtiennent, en partant de celle de la première, par un échelonnement de zéro, 5, 10 ou 15, suivant la distance du point de pointage.

Enfin, le paragraphe 3 du chapitre I contient les définitions de la position de surveillance et de l'ouverture du faisceau, ainsi que les règles à observer pour la formation de ce dernier. En définitive, le faisceau se forme en faisant converger les pièces sur le repère ou sur la droite du but et en échelonnant ensuite les dérives d'une quantité variable avec l'ouverture à obtenir. On opère donc comme si le repère était un objectif d'un front défini par l'ouverture adoptée.

# CHAPITRE II

# LA PRÉPARATION DU TIR

———

La préparation du tir comprend :

I. La formation et l'orientation du faisceau des plans de tir ;

II. La mesure ou l'évaluation de l'angle de site ;

III. Le choix du correcteur ;

IV. La mesure ou l'appréciation de la distance ;

V. Les compléments de la préparation du tir dans le cas de la position de surveillance ;

VI. Les compléments de la préparation du tir dans le cas des positions masquées.

## § 1. — LA FORMATION ET L'ORIENTATION DU FAISCEAU DES PLANS DE TIR

La formation et l'orientation du faisceau peuvent se faire soit simultanément, soit distinctement.

Les opérations sont simultanées, lorsqu'on peut utiliser un point de pointage ; elles sont distinctes, quand une pièce, dite *pièce directrice,* étant orientée, on dirige les autres en conséquence.

### I. — *Orientation et formation du faisceau par opérations simultanées.*

*Choix du point de pointage. — Détermination de la dérive de la $1^{re}$ pièce et de la valeur de l'échelonnement.*

Le point de pointage doit être un point bien net et non exposé à disparaître. Sa distance doit, au moins, être égale au quart de la distance du but, sans descendre jamais au-dessous de 1 000 mètres. Le point de pointage peut être choisi dans une direction quelconque, mais, pour éviter la mesure à la main de grands écarts angulaires, il est préférable de le prendre, si possible, dans une direction ne différant de celle du but que de quelques centaines de millièmes au plus.

Le point de pointage étant choisi, on mesure *à la main* (en s'aidant au besoin de la jumelle : voir

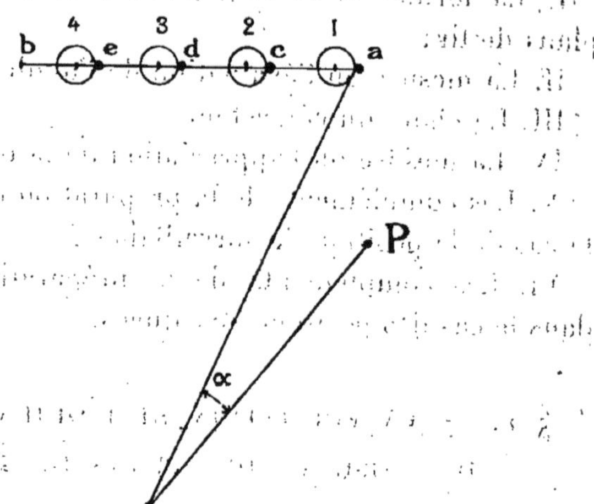


Fig. 24.

page 13, 1°) l'écart angulaire α (fig. 24) et le front à battre *ab*. De l'écart angulaire α on déduit (Voir page 29), la dérive de la première pièce et, de la distance du point de pointage, on déduit *l'échelonnement de convergence* à adopter (Voir page 36); enfin, de l'étendue du front *ab*, on déduit *l'échelonnement de répartition* qui, ajouté au précédent, donne *l'échelonnement total*.

L'échelonnement de répartition s'obtient en échelonnant les dérives des quatre canons de la batterie de façon à en répartir les gerbes uniformément sur le front à battre en 1, 2, 3, 4 (fig. 24).

Si le front *a b* n'est pas couvert par les gerbes 1,

2, 3, 4, il faut faucher, mais, dans tous les cas, chaque pièce bat le quart du front *a b*.

Or, sur la figure 24, on a :

$$ac = cd = de = eb = \frac{1}{4}\, ab$$

et les espacements 1—2, 2—3, 3—4 sont aussi égaux au quart du front *a b*.

*L'échelonnement de répartition s'obtient donc en divisant par 4 le front du but, évalué en millièmes.*

C'est la règle indiquée par le titre IV du Règlement de manœuvre, n° 152 (avant-dernier alinéa du premier cas).

*Exemple :* Supposons $\alpha = 125$ et $ab = 45$, le point de pointage étant à 1 600 mètres et le but à 4 000 mètres.

La dérive de la première pièce est : $100 + 125 = 225$, soit P. 2, T. 25 ; l'échelonnement de convergence pratique est $+ 10$ et l'échelonnement de répartition 15, en arrondissant par excès le quart du front [1].

Les commandements à faire sont :

Point de pointage : tel objet.

Première pièce : P. 2, T. 25.

Échelonnez de 25.

Il convient d'ailleurs d'énoncer, toujours dans l'ordre *réglementaire* ci-dessus, les éléments initiaux relatifs au tir en direction.

### Cas de la position de surveillance.

Les opérations sont les mêmes que ci-dessus, en considérant le *repère* (Voir page 48) comme la droite du but et l'ouverture du faisceau comme l'échelonnement de répartition. Avec les mêmes données numériques que dans l'exemple précédent et en

---

[1] Il est préférable d'arrondir par excès afin de bien assurer la séparation des coups de la première salve. Voir aussi le n° 165 du titre IV du Règlement de manœuvre.

supposant que l'angle α = 125 est celui qui est mesuré entre le point de pointage à 1.600 mètres et le repère à 4 000 mètres; on commandera :

Point de pointage : tel objet.

Première pièce : P. 2, T. 25.

Échelonnez de 25 (¹).

Inscrivez les dérives. En surveillance.

### Remarque sur la mesure du front ab et de l'angle α.

La préparation du tir ne doit pas être trop minutieuse, si on ne veut pas être conduit à lui consacrer un temps exagéré. On arrondit en conséquence les angles en multiples de 5 millièmes. On peut, d'ailleurs, pour les mesures, se contenter le plus souvent des doigts de la main et de la jumelle. Enfin, dans le même ordre d'idées, on ne tient compte, pour déterminer la dérive initiale, ni de la dérivation, ni de l'influence du vent, qui seront corrigées par le réglage du tir. Quant à la correction nécessitée par l'inclinaison éventuelle de l'essieu, elle est confiée aux chefs de section (²) (Règlement de manœuvre, titre IV, n° 122).

### II. — Orientation et formation du faisceau par opérations distinctes.

L'artillerie occupant aujourd'hui de préférence les positions masquées, il est rarement possible de

---

(¹) Si l'ouverture du faisceau doit être de 15 millièmes.

(²) Le Règlement (titre IV, n° 122, renvoi) indique la valeur de cette correction qui est de 5 millièmes par 15 centimètres de différence de niveau entre les roues. Il est donc facile de la rendre négligeable en établissant convenablement les canons sur le terrain.

La règle ci-dessus se justifie comme il suit :

Supposons d'abord l'essieu horizontal et soit OS (fig. 25) la ligne de site (ligne allant de la pièce au but). Lorsque le canon est pointé en hauteur, on sait que son axe est incliné de l'angle de tir α sur la direction OS. Par un point O de OS, menons OB parallèle à l'axe du canon pointé et prenons le plan OSB pour trouver un point de pointage en avant. D'autre part, l'emploi d'un point de pointage latéral ou en arrière exige la mesure d'un grand écart angulaire ou des

plan du tableau. Cela posé, si on élève la roue gauche, par exemple, on modifie la position de l'axe du canon et sa parallèle OB sort du plan du tableau et vient en OB'. Pour ramener le coup dans le plan OSB qui passe par le but, il faut rabattre le plan de tir OB'b' sur le plan OSB en le faisant tourner de l'angle ε.

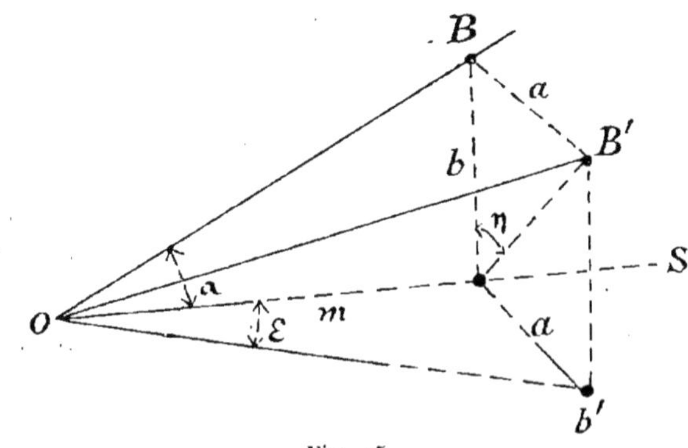

Fig. 25.

On a sur la figure 25 :

$$m = \frac{a}{\operatorname{tg}\varepsilon} = \frac{b\,\operatorname{tg}\eta}{\operatorname{tg}\varepsilon} = \frac{b}{\operatorname{tg}\alpha}.$$

D'où :

$$\operatorname{tg}\varepsilon = \operatorname{tg}\alpha\,\operatorname{tg}\eta.$$

Or, $\eta$ est l'angle dont le matériel a tourné par élévation de la roue : c'est l'inclinaison de l'essieu.

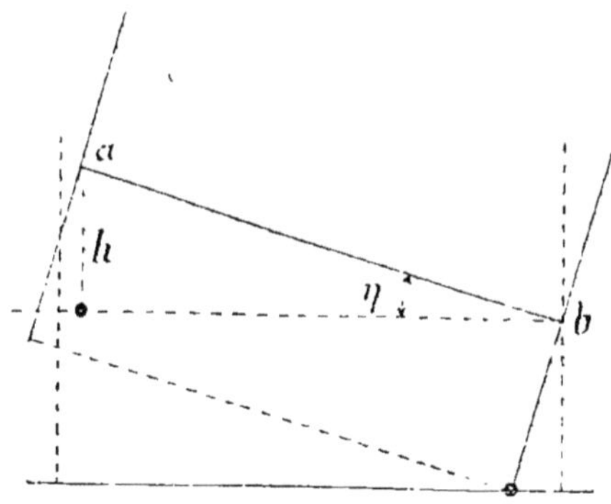

Fig. 26.

D'autre part, on a, sur la figure 26, où $ab$ représente l'essieu incliné :

$$h = ab \sin \eta$$

opérations un peu compliquées sans instrument et auxquelles on peut avoir avantage à renoncer.

La méthode générale pour préparer le tir collectif sans point de pointage consiste alors à pointer en direction une pièce de la batterie dite « pièce directrice » et à lui relier les autres, par un moyen quelconque, de manière à « former le faisceau ».

Nous allons étudier successivement :

1° Le pointage de la pièce directrice ;

2° La formation du faisceau.

### 1° *Pointage de la pièce directrice,*

On choisit toujours, sauf impossibilité, la pièce de droite de la batterie. Lorsqu'on est obligé d'en prendre une autre, nous verrons que le problème à résoudre est peu différent de celui dont nous allons indiquer la solution.

Il y a deux cas à distinguer pour le pointage de la pièce directrice, suivant que l'on peut ou non :

Jalonner sur le sol la ligne pièce — but (ou pièce-repère).



---

ou très approximativement, *car $\eta$ est faible en général :*

$$h = ab\,\mathrm{tg}\,\eta.$$

Or,

$$ab = 150 \text{ centimètres.}$$

On a donc :

$$h \text{ centimètres} = 150\ \mathrm{tg}\,\eta$$

et, par suite :

$$\mathrm{tg}\,\varepsilon = \frac{h}{150}\,\mathrm{tg}\,\alpha.$$

Cela posé, à la distance D, l'écart E résultant de l'angle $\varepsilon$ est :

$$E = D\,\mathrm{tg}\,\varepsilon.$$

Évalué en millièmes, cet écart C est $\dfrac{E}{D}$, D étant évaluée en kilomètres et E en mètres. La correction cherchée est donc :

$$C = \frac{E}{D} = 1\,000\,\mathrm{tg}\,\varepsilon = 100\,\frac{h}{15}\,\mathrm{tg}\,\alpha.$$

Or, aux distances voisines de 2 000 mètres, $\mathrm{tg}\,\alpha = 0,050$. On a alors :

$$C = \frac{h}{15} \times 5,$$

soit autant de fois 5 millièmes que $h$ contient de fois 15.

I$^{er}$ Cas — *Le jalonnement est possible.*

Ce cas se présente si la batterie est derrière une crête.

Soit P$_1$ (fig. 27) l'emplacement de la pièce directrice, O la droite de l'objectif (ou le repère du chef d'escadron) et C la crête couvrante.

Pour jalonner la direction OP, un des observateurs, par exemple le capitaine, se place en *c*, dans

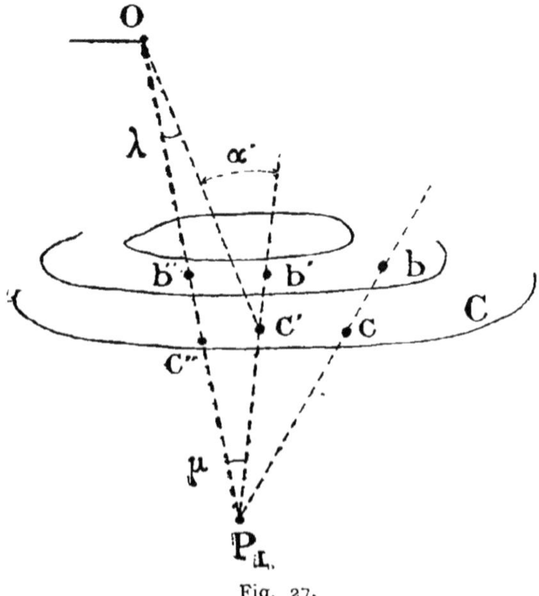


Fig. 27.

le voisinage de la crête, de façon à voir l'objectif O, en s'exposant le moins possible aux vues de l'ennemi. Le brigadier de tir est, d'autre part, dressé à se placer en *b*, de telle façon que le capitaine *c* lui masque l'emplacement de la pièce P$_1$, la distance *bc* étant d'au moins une quarantaine de mètres. Si le capitaine se déplace et vient s'arrêter en *c'*, le brigadier de tir se place comme précédemment en *b'* sur la ligne P$_1$*c'*.

Le capitaine mesure l'angle $\alpha'$ : s'il est petit, il peut, au besoin, considérer le jalonnement comme terminé, sinon il se porte en $c''$. Il peut ainsi arriver au jalonnement parfait, l'angle $\alpha'$ étant devenu nul lorsque le capitaine est venu de $c'$ en $c''$, mais cela n'est pas nécessaire. En pointant sur $b'$ avec la dérive P. o, T. 100 augmentée de $\alpha'$, la pièce $P_1$ sera pointée sur O; l'angle $\alpha'$ ne diffère en effet de l'angle $\mu$ que d'un angle $\lambda$ négligeable, la ligne $P_1 c'$ étant voisine de $P_1 O$.

Cette manière d'opérer, évitant tout tâtonnement, est très rapide. Elle obvie en outre à l'impossibilité de stationner, par exemple en raison de buissons, de mares, etc., auprès de la ligne $c'' b''$.

Pour que la distance $c' b'$ soit suffisante sans que le brigadier $b'$ soit trop exposé aux vues de l'ennemi, le capitaine a souvent avantage à opérer à cheval.

Il convient aussi de remarquer que la méthode est indépendante du degré de défilement de la pièce $P_1$.

Si, cependant, le défilement de $P_1$ est un peu inférieur à celui de l'homme à cheval, la pièce peut être pointée ou jalonnée à vue par le capitaine à cheval.

### 2ᵉ Cas — *Le alonnement est impossible.*

Ce cas se présente si la batterie est derrière un bois, un village, une crête broussailleuse absolument inaccessible, etc. Le capitaine est alors obligé, pour voir le but, de se placer plus ou moins loin du point $P_1$, soit sur le côté du front à occuper, soit en avant ou en arrière de ce front.

Soient (fig. 28) C le poste d'observation du capitaine, $P_1$ la pièce directrice, et O le point sur lequel celle-ci doit être dirigée.

Dans le cas de la figure 28, on commence par établir la pièce $P_1$ parallèlement à la direction CO. Pour cela, on la suppose d'abord pointée sur C avec P. o, T. 100, dans un cadran convenable pour obtenir la direction $P_1 N'$ parallèle à CN. D'autre part, le capitaine C détermine au moyen de la jumelle la direction CN (Voir page 15) et mesure l'angle β.

En commandant alors à la pièce $P_1$ de pointer

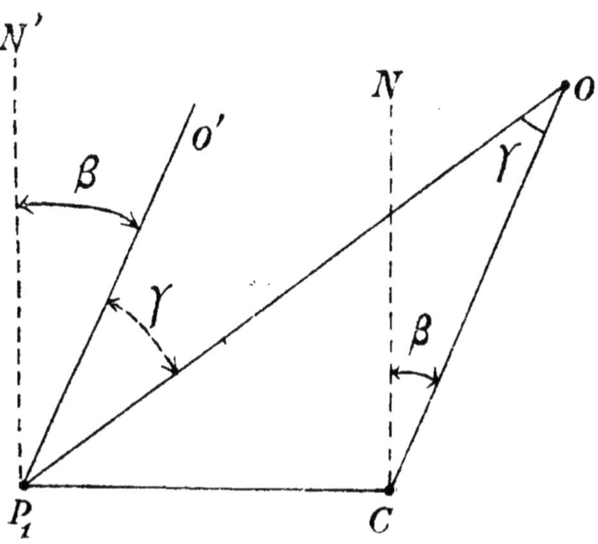

Fig. 28.

sur C, avec la dérive P. o, T. 100, diminuée de β, on la dirige suivant $P_1O'$. Il ne reste plus, pour la diriger sur le point O, qu'à la faire tourner de l'angle γ, angle qui n'est autre que la parallaxe de O par rapport au front $CP_1$.

*Exemple :* Soit $CP_1$ = 200 mètres, CO = 4 000 mètres. On en déduit γ = 50 millièmes.

Si β = 305 millièmes, on peut d'un seul coup obtenir le résultat voulu en commandant :

*$1^{re}$ pièce — Sur moi, P. o, T. 100.*
*Diminuez de 355.*

ou encore :

*$1^{re}$ pièce — Sur moi, P. 12, T. 145.*

Dans le cas de la figure 29, le capitaine fait placer

le brigadier de tir en *b* et mesure l'angle α, soit 120 millièmes.

Les commandements sont alors :

*1<sup>re</sup> pièce — Sur moi, P. 2, T. 20.*

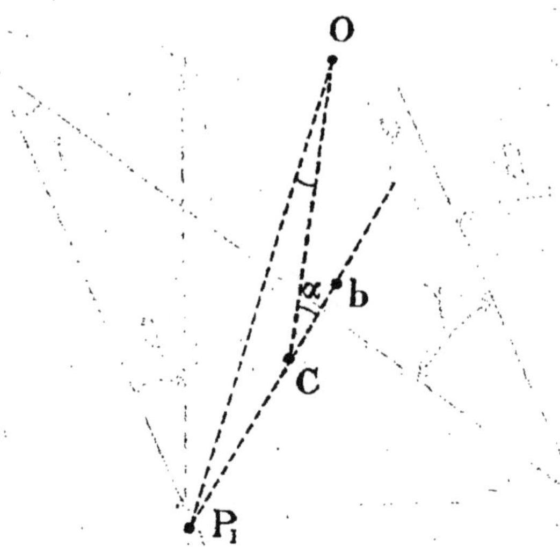


Fig. 29.

Le cas échéant, on tient compte, en outre, de la parallaxe O.

*Remarque.* — Si les opérations, prévues dans les deux cas précédents, sont faites avant la mise en batterie, il est avantageux de marquer, par un jalon, l'emplacement du brigadier de tir (ou du capitaine) sur lequel il faudra diriger la pièce directrice. L'emplacement de cette dernière doit alors également être piqueté.

## CAS OU LA PIÈCE DIRECTRICE N'EST PAS LA PREMIÈRE PIÈCE

Supposons que la pièce $P_n$ soit dirigée sur le point O (fig. 30), alors qu'il faudrait que ce fût la pièce $P_1$ : celle-ci étant parallèle à $P_n$, on voit, sur la figure 30, qu'on obtiendra le résultat voulu en augmentant la dérive de la pièce $P_n$ de la valeur de l'angle en O. Si $P_1 P_n$ = un front de section de 16 mètres et si le point O est à une distance moyenne de 3 000 mètres, l'angle en O est de 5 millièmes environ. On doit donc : déplacer le faisceau de 5, 10 ou 15 mil-

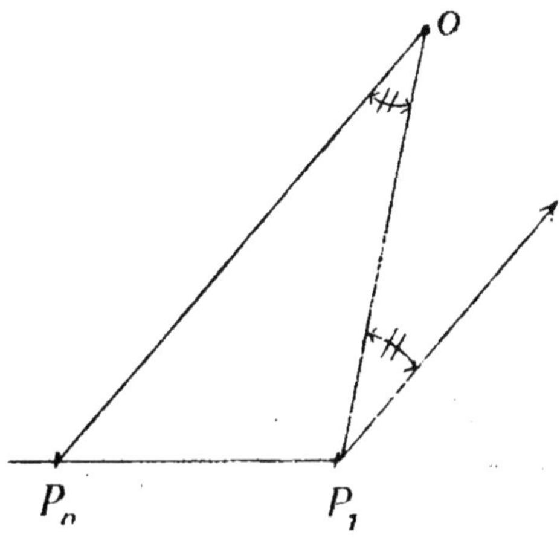



Fig. 30.

lièmes vers la gauche suivant qu'on a pris, pour pièce directrice, la 2ᵉ, la 3ᵉ ou la 4ᵉ pièce.

*N. B.* — Toutes ces opérations se font encore plus facilement avec la lunette de batterie ou avec le théodolite, mais il faut pouvoir se passer de ces instruments.

### 2° *Formation du faisceau.*

Après avoir pointé la pièce directrice, il faut lui lier les autres pièces de la batterie. Le procédé, à la fois le plus général et le plus simple, pour y arriver, est celui de visées réciproques. Il est d'ailleurs assez précis, si le personnel est bien instruit et connaît les précautions à prendre dans l'exécution. Rappelons en quoi consiste ce procédé.

Soit $P_3$ (fig. 31) une pièce de la batterie : on peut la rendre parallèle à la pièce $P_1$ en la pointant sur l'appareil de pointage de cette dernière avec la dé-

rive α qui permettrait réciproquement de pointer la
pièce $P_1$ en prenant pour point de pointage l'appareil de la pièce $P_3$. Il est clair dès lors que, si les
canons tournaient autour des appareils de pointage
supposés fixés sur des verticales invariables, les
opérations précédentes rendraient rigoureusement
parallèles les pièces $P_1$ et $P_3$. Mais, en réalité,

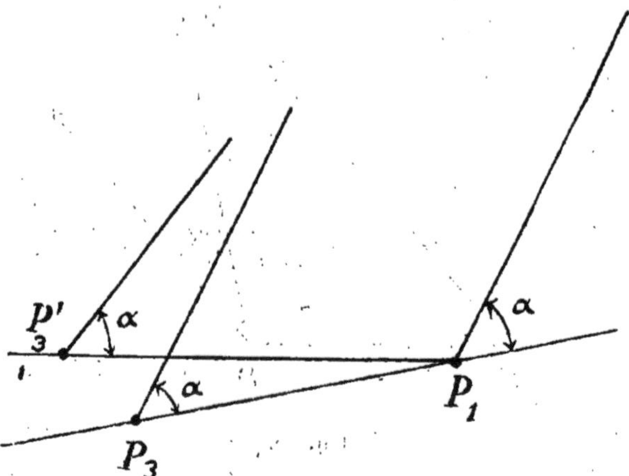


Fig. 31.

lorsqu'on cherche à rendre la pièce $P_3$ parallèle
à $P_1$, on la fait inévitablement tourner autour d'un
axe qui ne coïncide pas avec la colonne de l'appareil de pointage : celle-ci se déplace et vient par
exemple en $P'_3$; dans ces conditions, malgré l'égalité des angles α de la figure 31, la pièce $P_3$ n'est pas
absolument parallèle à $P_1$. Dans la pratique, il est
prudent de faire l'opération deux fois, même si on
a la précaution préalable de rendre les pièces parallèles à vue. La seconde fois, on pointe les pièces,
autres que la pièce directrice, au moyen du volant
de pointage, sans toucher aux crosses.

Il importe aussi d'appeler l'attention des servants
sur la nécessité de déplacer le moins possible les
appareils de pointage, lorsqu'on fait tourner les
pièces.

Enfin, il y a lieu de remarquer que le parallélisme correspond à un échelonnement un peu faible (5 millièmes aux distances moyennes) et qu'on risque d'avoir des coups croisés, si les appareils de pointage présentent des jeux inégaux. Aussi, pour éviter tout mécompte, il y a avantage à augmenter de 10 l'échelonnement qui correspond au parallélisme.

On peut encore former le faisceau par pointage latéral ou en arrière.

Si on emploie la lunette de batterie ou le théodolite pour pointer la pièce directrice, on peut former le faisceau en pointant également les autres pièces sur la lunette ou le théodolite.

## § 2 — LA MESURE OU L'ÉVALUATION DE L'ANGLE DE SITE

On peut mesurer l'angle de site au moyen du sito-goniomètre modèle 1911 (Règlement de manœuvre, titre IV, annexe n° II, article 4) ;

au moyen de la carte ;

et au moyen de la lunette de batterie ou du théodolite.

La carte fait connaître la différence de niveau entre la pièce et le but, ainsi que la distance de ce dernier. On en déduit l'angle de site, en divisant la différence de niveau *en mètres* par la distance *en kilomètres*.

Si l'on ne dispose d'aucun instrument, on peut obtenir une valeur approchée de l'angle de site en observant les principes suivants :

Supposons que le sommet d'un buisson B (fig. 32) paraisse nettement plus bas que l'œil de l'observateur, tandis que le sommet d'un peuplier P est manifestement plus haut. Il est clair que l'horizon est compris entre les niveaux des points B et P. Par

suite, en admettant qu'il est au milieu de la tranche BP, on commet une erreur au plus égale à la
demi-largeur de la bande BP. Or, pour un observateur un peu exercé, la largeur de cette bande tout
entière ne dépasse guère la largeur du petit doigt
tenu horizontalement à bout de bras. L'erreur qui
peut être commise est donc assez limitée. Connais-

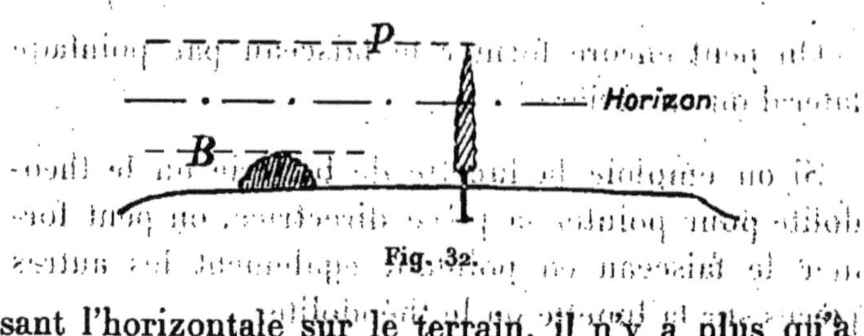

Fig. 32.

sant l'horizontale sur le terrain, il n'y a plus qu'à
mesurer l'angle de site, ce qui se fait soit à la main,
soit à la jumelle.

Si, de la position occupée, les vues sont très éten-
dues et si l'on aperçoit une crête très éloignée parais-
sant à peu près au même niveau que l'œil, on peut
admettre qu'elle représente très sensiblement l'horizon. Il faudrait, en effet, une différence de niveau
bien grande, c'est-à-dire bien apparente, pour que,
divisée par la distance, elle donne un résultat qui ne
soit pas négligeable. Ainsi le niveau d'une crête plus
élevée de 50 mètres que la batterie, et située à
10 kilomètres de distance, différerait de 5 millièmes
de l'horizon exact.

L'angle de site, arrondi en multiples de 5, s'énonce :
« Angle de site + tant ou — tant. »

### § 3. — LE CHOIX DU CORRECTEUR

Le correcteur permet de déboucher l'évent convenable dans le tube fusant de la fusée. On verra que,
pour produire le maximum d'efficacité, l'obus à balles
de 75 doit éclater au-dessus du sol à une hauteur, dite
*hauteur-type*, vue de la pièce sous un angle de $\dfrac{3}{1000}$.

Le mécanisme du débouchoir est organisé de façon que, si le trait de repère du correcteur est à la division 20 et si la distance indiquée se trouve d'autre part en face du même repère, l'évent débouché corresponde à la hauteur d'éclatement de $\dfrac{3}{1\,000}$ dans les conditions moyennes [1]. Si l'on n'est pas dans ces

---

[1] Le principe du débouchoir est le suivant : l'ogive de l'obus est soutenue dans un logement A (fig. 33) de forme appropriée. Une pointe P est liée aux mouvements de ce plateau A, de façon à décrire une hélice devant la fusée F, quand on fait tourner A au moyen de la manivelle M. Les déplacements de la pointe P

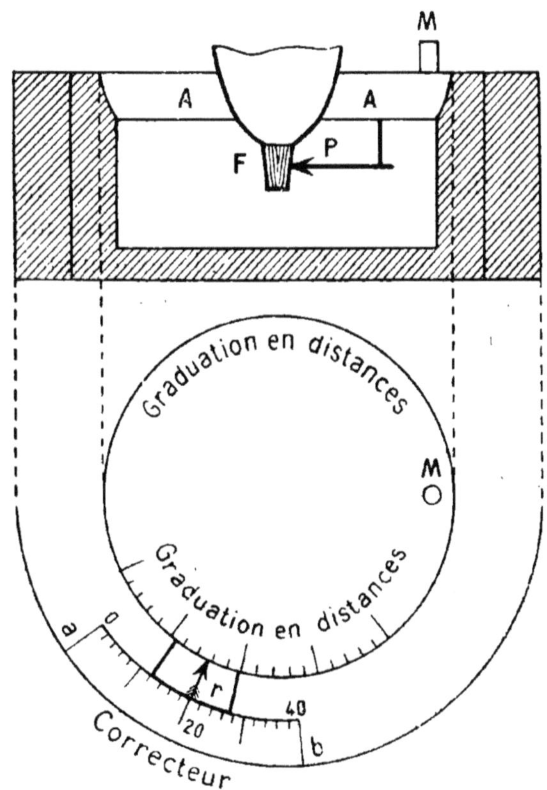



Fig. 33.

sont enregistrés par les graduations de A qui se meuvent devant le repère r. En décalant ce trait de repère r devant la graduation ab du correcteur, on modifie, pour la même distance indiquée,

conditions moyennes, on débouche un évent plus haut ou plus bas en déplaçant le trait de repère du correcteur, jusqu'à ce qu'on ait obtenu la hauteur d'éclatement voulue. Dans le tir de réglage, il est nécessaire, pour apprécier le sens des coups en portée, de voir si la fumée de l'éclatement occulte ou non l'objectif. L'expérience montre que ce résultat n'est sûrement atteint que si la hauteur d'éclatement ne dépasse pas 1 millième. Comme, en diminuant le correcteur de $n$ millièmes, on abaisse d'autant la hauteur d'éclatement, on voit qu'à défaut de renseignements particuliers, le correcteur initial doit être 20 — 2, c'est-à-dire 18.

## § 4 — LA MESURE OU L'APPRÉCIATION DE LA DISTANCE DU BUT

Chaque batterie dispose d'un télémètre modèle 1912 permettant, sans changer de station, de mesurer les distances avec une très grande exactitude. Toutefois, il faut toujours compter sur quelques erreurs, et il est prudent, à moins de cas très urgents, de procéder à un réglage du tir avant de lancer un tir d'efficacité.

D'ailleurs, conformément au n° 181 du titre IV du Règlement de manœuvre, on peut, si la distance a été mesurée, procéder pendant le réglage à des bonds de hausse de 200 mètres au lieu de 400. Souvent, on arrive ainsi, dès la deuxième salve, à la fourchette de 200 mètres. On obtient en tout cas cette fourchette à la troisième salve.

Le télémètre permet donc de réduire le nombre



l'évent débouché. La graduation en distances du plateau A et celle du correcteur ont été calculées à l'aide des données inscrites dans les tables de tir. Ces tables sont, comme on le sait, établies pour les conditions moyennes suivantes : pression barométrique, 750 millimètres ; température, 15° ; état hygrométrique, $\frac{1}{2}$.

des salves de réglage à celui qui est généralement nécessaire au réglage du tir en direction et au réglage du correcteur.

C'est surtout pour les batteries en position de surveillance que le télémètre est précieux pour procéder aux compléments de la préparation du tir dont nous parlerons plus loin.

A défaut de télémètre, ou faute de temps pour l'utiliser, la distance est appréciée à simple vue.

Il est bon de s'être exercé à cette appréciation de façon à éviter les erreurs trop grossières.

Un procédé de fortune assez pratique peut consister à diviser le front du but (ou la hauteur d'un objet) $F_r$ par l'angle $F_a$ en millièmes sous lequel ce front (ou cet objet) est vu de la batterie.

*Exemple :* On voit, à la jumelle, qu'un arbre en boule situé sur la même crête que le but est quatre fois plus haut qu'un cavalier visible à côté de lui. Le cavalier ayant $2^m 5o$, l'arbre a 10 mètres.

Il est vu sous 5 millièmes : la distance est $\dfrac{1\delta}{5} = 2$ kilomètres.

L'usage de la carte est aussi à recommander. Il est bon d'avoir celle-ci à portée de la main et abritée de la pluie par une feuille de celluloïd, quadrillée en kilomètres.

Il existe de tels porte-cartes munis en outre d'une petite boussole.


§ 5 — LES COMPLÉMENTS DE LA PRÉPARATION DU TIR DANS LE CAS DE LA POSITION DE SURVEILLANCE

La préparation indiquée précédemment pour une batterie en surveillance permet bien de transporter le faisceau dans la direction du but, pour ainsi dire dès son apparition ; mais il reste à la compléter, autant que possible, par la mesure des éléments initiaux relatifs au tir sur les points remarquables du terrain (1).

Mais, de même que, pour exprimer rapidement ses idées d'une façon précise, l'artilleur de 75 a dû faire choix d'une langue parlée spéciale, de même il a dû adopter, pour les enregistrer, une sorte de sténographie. Cette sorte de sténographie qui parle aux yeux, c'est le *croquis perspectif.* Ainsi envisagé, ce croquis a un but essentiellement pratique, et, dans son exécution, l'art doit céder le pas à la netteté, à la précision et à la mise en évidence, par une sorte d'exagération, des points les plus importants du terrain en vue du combat.

## *Croquis perspectif.*

Le premier résultat à obtenir est la mise en place des plus remarquables de ces points dans une sorte de quadrillage préparé à cet effet. L'ensemble de ces points peut être considéré comme un *canevas d'en-semble* sur lequel on placera les autres points à simple vue; ce résultat obtenu, on n'aura plus qu'à représenter, à leur place, les objets correspondants par des signes conventionnels, choisis de façon à parler aux yeux. Nous allons donc indiquer rapide-ment :

1° Comment est organisé le quadrillage;

2° Comment on arrête le canevas d'ensemble ;

3° Comment on y intercale les points moins im-portants;

4° Comment on représente, par des schémas, les principaux objets du paysage ;

5° Comment on complète le croquis par une légende et comment on enregistre les éléments concernant le tir.



(1) Voir Règlement provisoire, titre IV, n° 162.

## 1° *Le quadrillage* (¹).

Sur un feuillet (fig. 34) se trouvent tracées, par des points, des lignes verticales équidistantes ; le bord

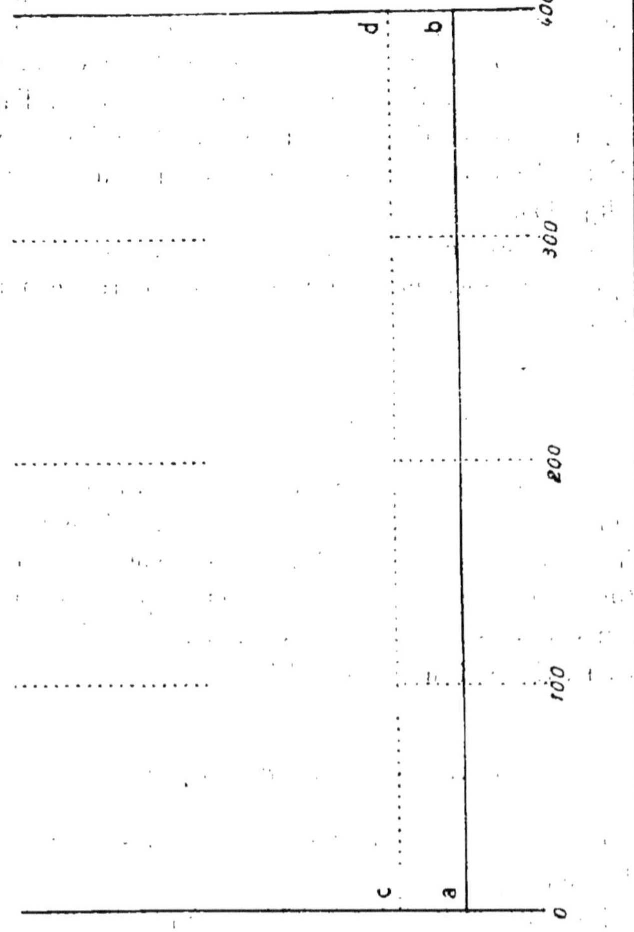


Fig. 34.

gauche est numéroté o et le bord droit 4oo ; les verticales intermédiaires sont numérotées de 1oo

(¹) Il existe à la librairie Berger-Levrault des *carnets d'exécution* à des prix très modiques et sur les feuillets desquels est tracé le quadrillage dont il est question ici.

en 100, de 0 à 400. Par convention, l'écartement de deux verticales consécutives correspond à l'écartement de deux directions faisant entre elles un angle de 100 millièmes.

Les lignes horizontales du quadrillage se réduisent à deux : l'une, *cd*, en pointillé, peut servir à figurer, suivant les régions, soit l'extrême horizon, soit une ligne importante du paysage (route, rivière, voie ferrée) sans qu'il y ait à tracer un trait ; l'autre ligne horizontale, *ab*, sera souvent la bordure de l'encadrement. Tel est le cas du modèle n° 1 (fig. 35).

Dans les pointillés, les points sont espacés d'une quantité représentant un écart angulaire de 5 millièmes.

### 2° *Le canevas d'ensemble.*

Quelques traits supplémentaires suffisent à représenter les formes du terrain (lignes 1, 2, 3, etc. de la figure 35, lignes 1, 2 et 3 de la figure 36) ; ils constituent le canevas d'ensemble. On opère de même dans le sens du front et l'on place les points A, B, C, D, E des figures 35 et 36.

### 3° *Autres points remarquables.*

Ces points s'intercalent à vue dans le canevas d'ensemble.

En résumé, 4 ou 5 traits, 4 ou 5 points, quelques schémas ou signes conventionnels, et le croquis est terminé.

### 4° *Les schémas.*

Nous avons représenté plus loin les plus importants d'entre eux sur les figures 37 à 67.

### 5° *Légende et inscription des éléments relatifs à l'exécution du tir.*

Pour éviter de surcharger le croquis, la légende doit être mise à part en réservant au paysage un ciel suffisant.

La légende du modèle n° 2 (fig. 36) montre d'ailleurs les dispositions de détail à adopter pour les écritures.

Il reste à enregistrer les éléments relatifs à l'exécution du tir. Il est clair que l'on pourrait ouvrir le feu à peu près instantanément et avec efficacité immédiate, si l'on connaissait d'avance l'angle de site, le correcteur et la distance du but. Il en est ainsi, si l'on a eu déjà l'occasion de tirer ou de voir tirer sur l'emplacement de ce but. Tel est le cas, par exemple, de la lisière du bois D (fig. 36) que l'on a encadrée entre les hausses 3 200 — 3 040, avec l'angle de site zéro, le correcteur d'efficacité étant 24.

Si, au lieu de la fourchette de 200 mètres, on avait obtenu pour hausse du but la hausse 3 250, par exemple, moyenne de la fourchette de 100 m, on aurait inscrit cette seule distance sur le croquis, à l'endroit convenable.

Le plus souvent, du moins au début du combat, on ne pourra pas avoir de renseignements contrôlés par le tir. On se bornera alors à enregistrer, pour quelques points remarquables, les angles de site et les distances.

Pour la mesure des angles de site, nous n'avons rien à ajouter aux prescriptions réglementaires relatives à l'emploi de la lunette de batterie, du théodolite ou du sitomètre.

Pour la mesure des distances, il n'y a qu'à se conformer à l'instruction sur le télémètre de 1 mètre, modèle 1912.

Fig. 35. — Modèle N° 1.

Crête sans nom

Phare Sud

Crête

Crête des Bois 32

Crête des Bois 26

Ouvrages

D 40

Perches  20.

Niel

Bois 33 34 35.

Bois 27

Route des Châlons

Ferme de Bouy

B 37

B 29

Clocher de Vadenay 6 K.

N° D° de l'Epine 15 K.

28

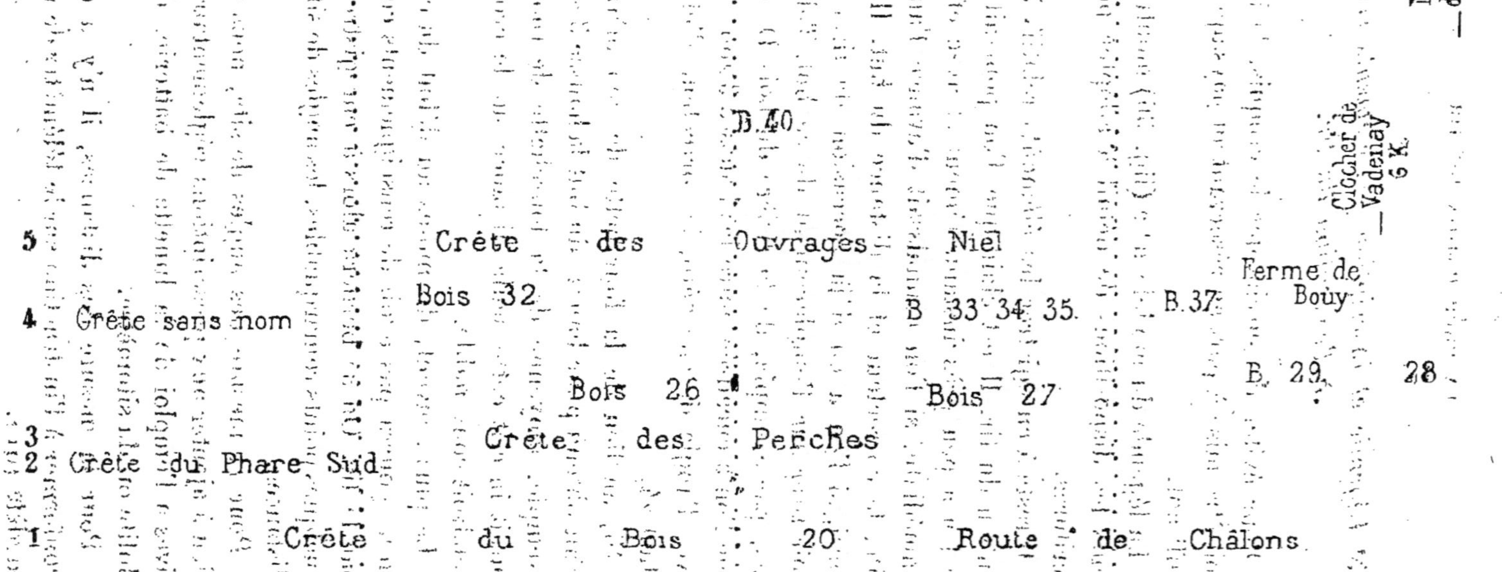

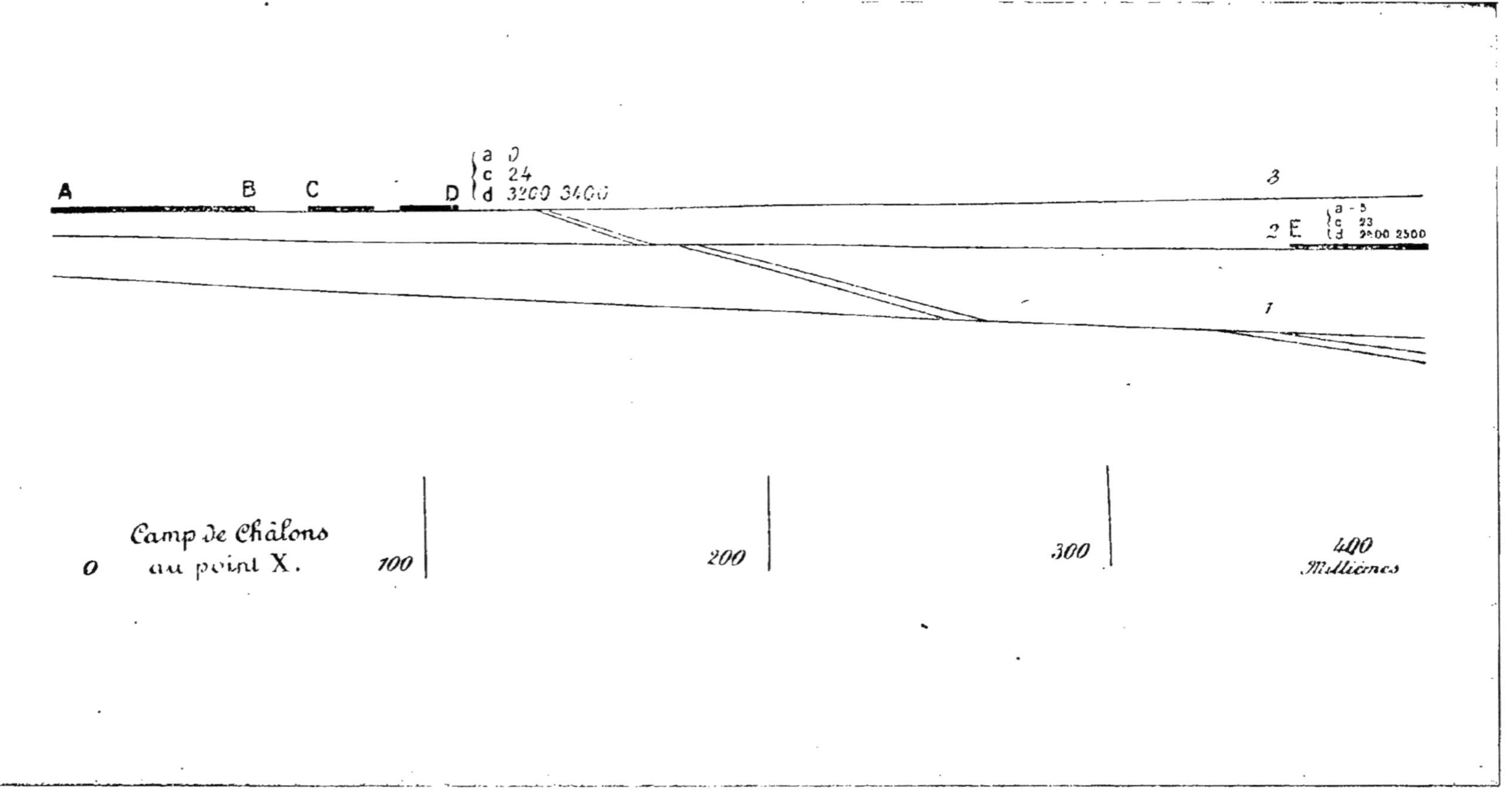

A
B
C
D
a 0
c 24
d 3200 3400
3
2 E.
a -5
c 23
d 2400 2500
1
Camp de Châlons
au point X.
0
100
200
300
400
Millièmes

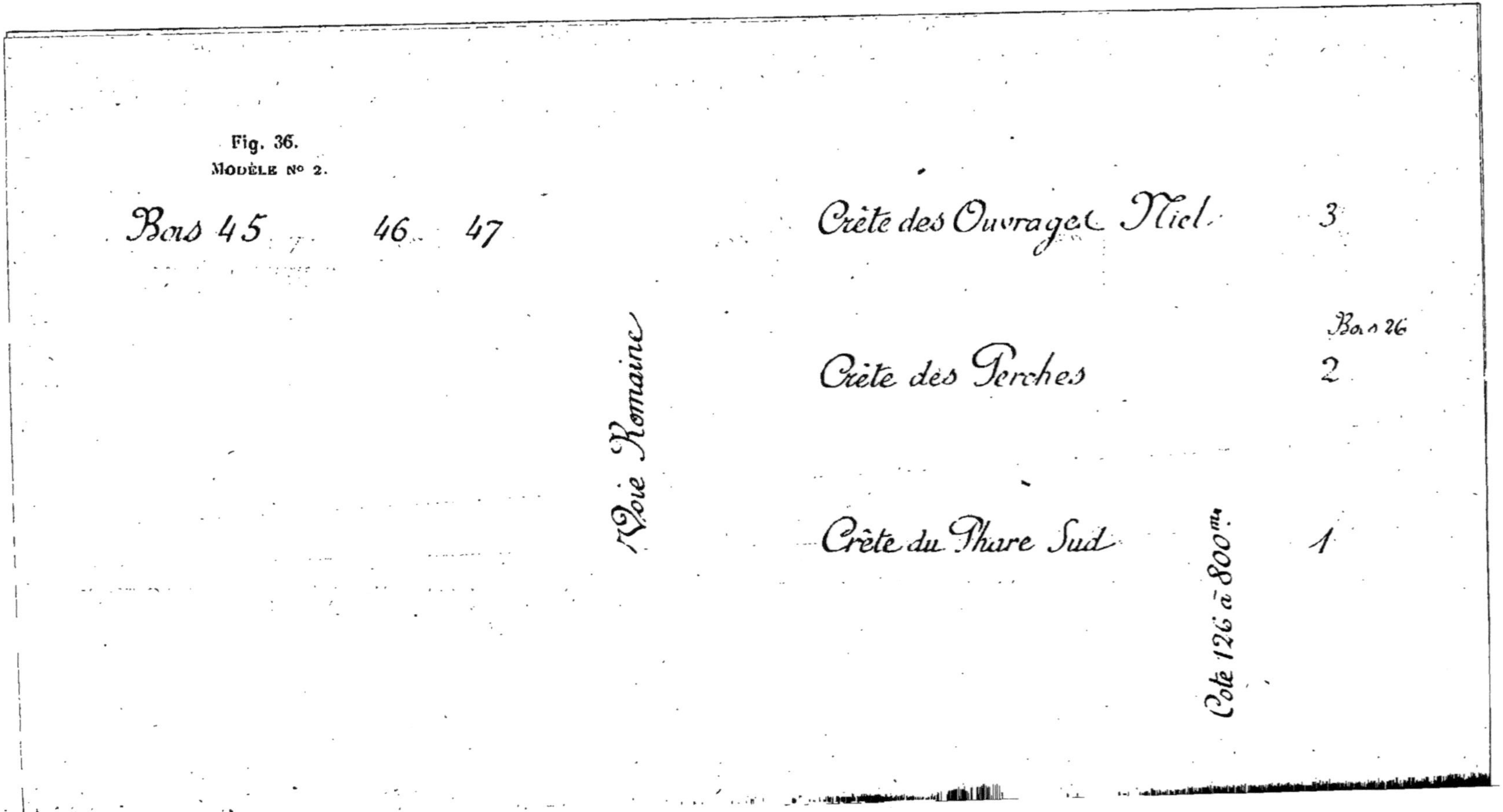

Fig. 36.
MODÈLE No 2.
Bas 45 46 47
Voie Romaine
Crête des Ouvrages Niel. 3
Crête des Perches 2
Bas 26
Crête du Phare Sud 1
Coté 126 à 800 m.

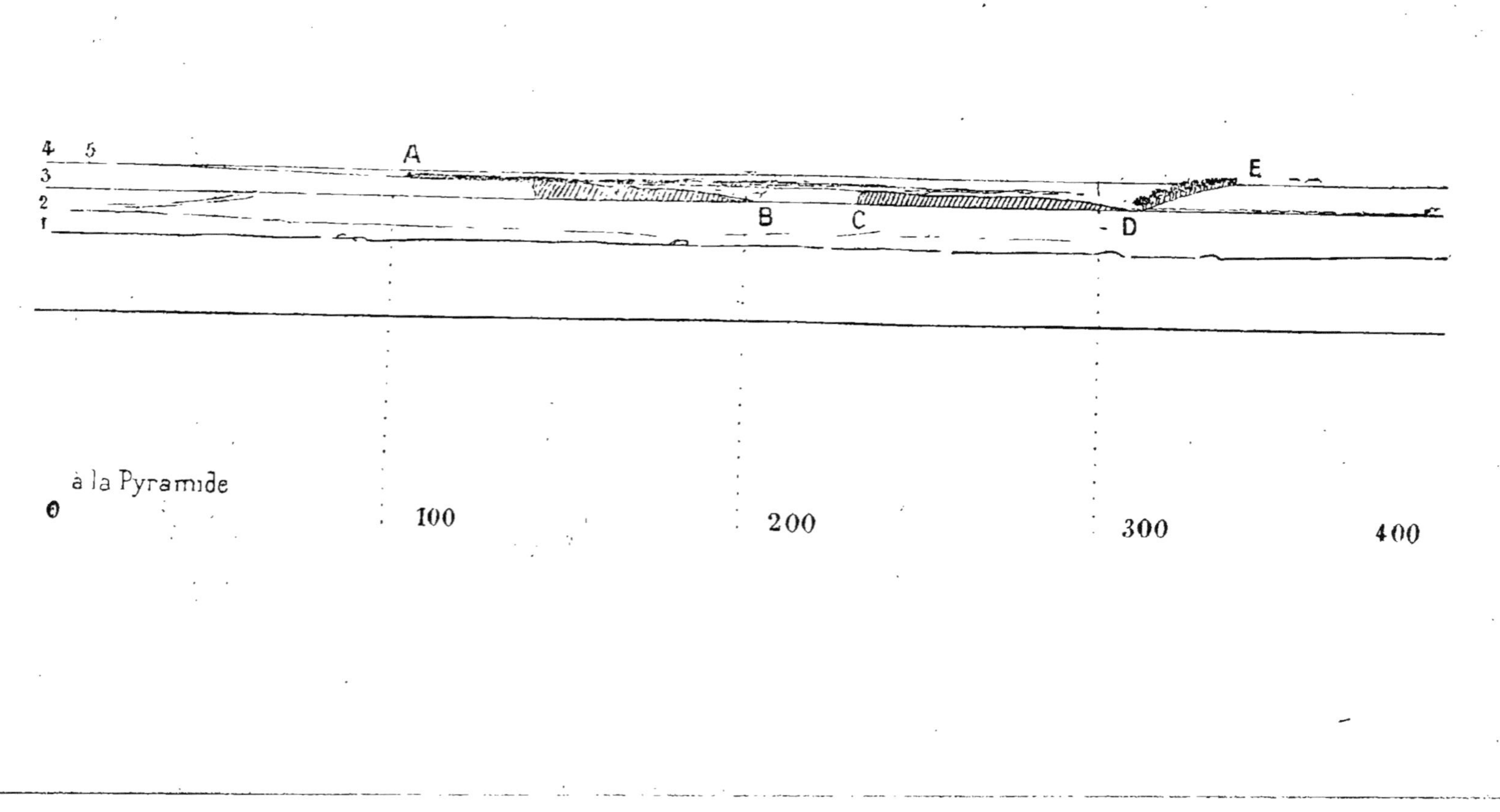

4  5
3
2
1
A
B
C
D
E
à la Pyramide
0
100
200
300
400

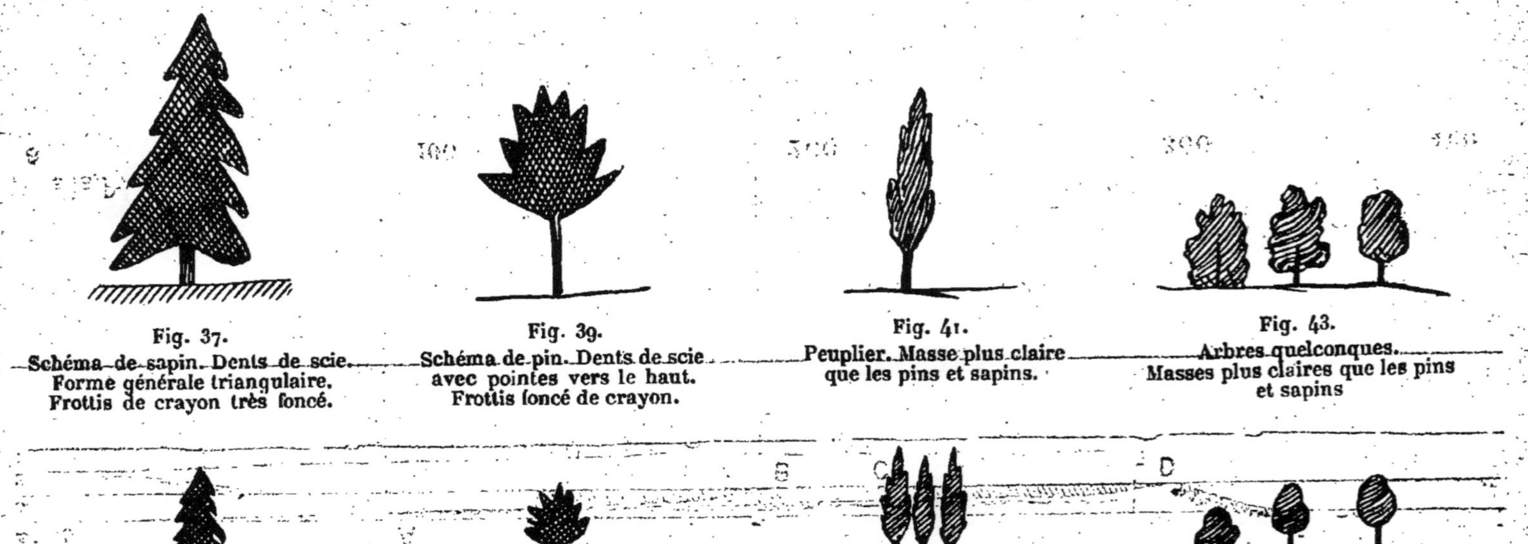

Fig. 37.
Schéma de sapin. Dents de scie.
Forme générale triangulaire.
Frottis de crayon très foncé.

Fig. 39.
Schéma de pin. Dents de scie
avec pointes vers le haut.
Frottis foncé de crayon.

Fig. 41.
Peuplier. Masse plus claire
que les pins et sapins.

Fig. 43.
Arbres quelconques.
Masses plus claires que les pins
et sapins

Fig. 38.
Sapin de second plan.
Ne diffère de celui de la figure 33
que par les dimensions.

Fig. 40.
Pin de second plan.

Fig. 42.
Peupliers de second plan.

Fig. 44.
Arbres d'essences diverses,
au second plan.

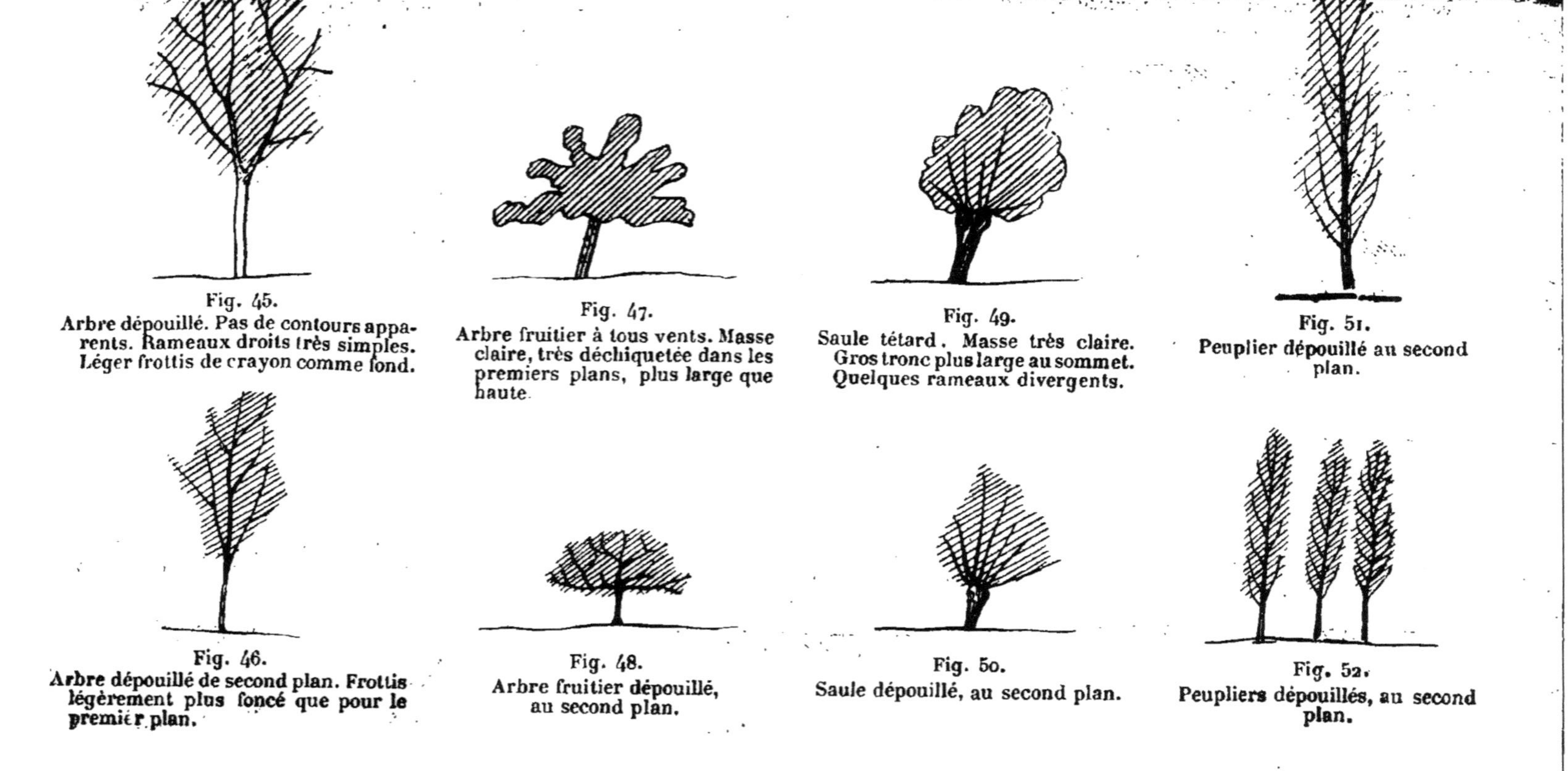

Fig. 45.
Arbre dépouillé. Pas de contours appa-
rents. Rameaux droits très simples.
Léger frottis de crayon comme fond.

Fig. 47.
Arbre fruitier à tous vents. Masse
claire, très déchiquetée dans les
premiers plans, plus large que
haute.

Fig. 49.
Saule tétard. Masse très claire.
Gros tronc plus large au sommet.
Quelques rameaux divergents.

Fig. 51.
Peuplier dépouillé au second
plan.

Fig. 46.
Arbre dépouillé de second plan. Frottis
légèrement plus foncé que pour le
premier plan.

Fig. 48.
Arbre fruitier dépouillé,
au second plan.

Fig. 50.
Saule dépouillé, au second plan.

Fig. 52.
Peupliers dépouillés, au second
plan.

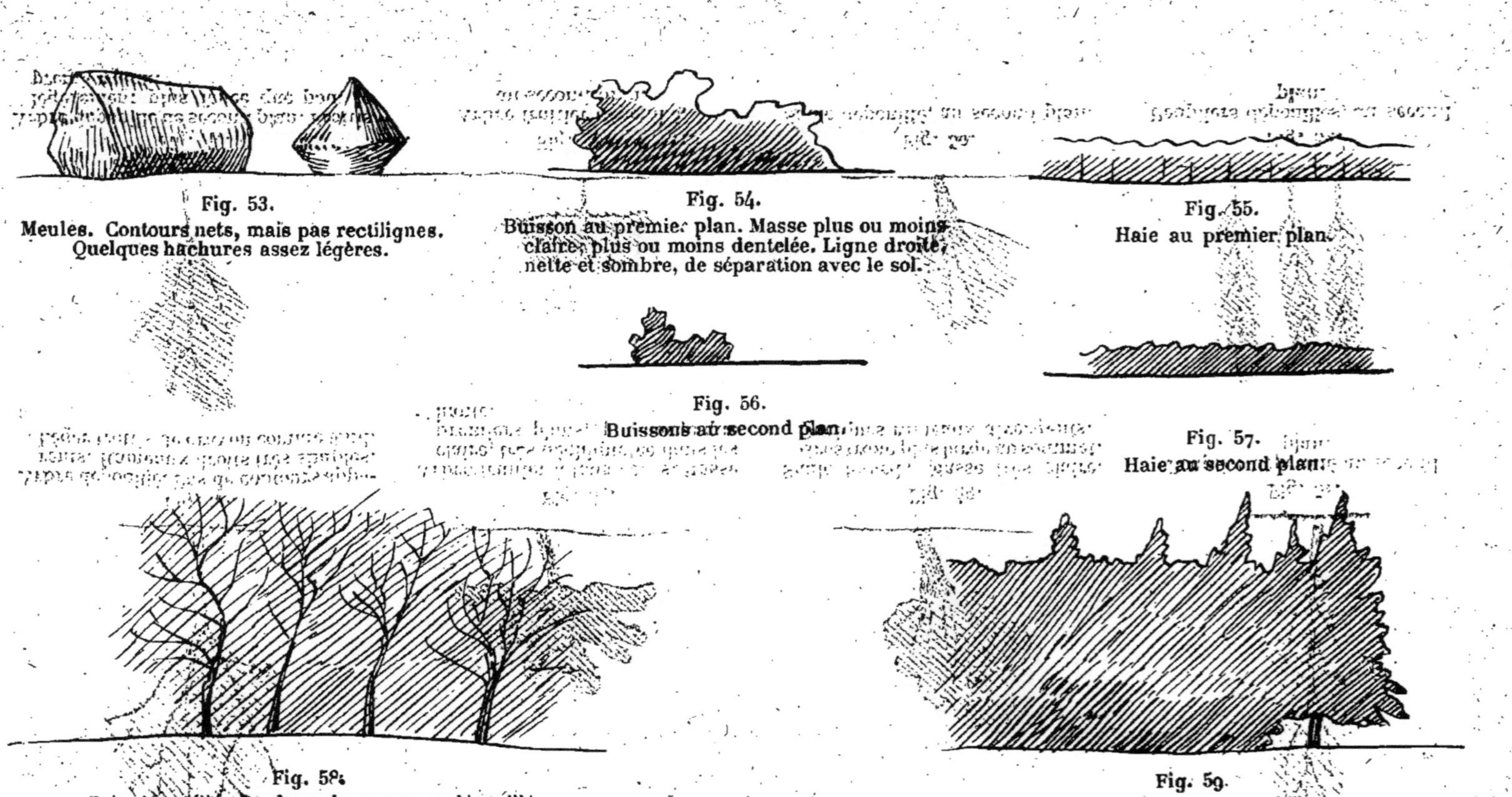

Fig. 53.

Meules. Contours nets, mais pas rectilignes.
Quelques hachures assez légères.

Fig. 54.

Buisson au premier plan. Masse plus ou moins
claire, plus ou moins dentelée. Ligne droite,
nette et sombre, de séparation avec le sol.

Fig. 55.

Haie au premier plan.

Fig. 56.

Buissons au second plan.

Fig. 57.

Haie au second plan.

Fig. 58.

Bois dépouillé. Bordure de rameaux dépouillés.
Léger frottis comme fond.

Fig. 59.

Bois de premier plan. Frottis un peu plus foncé
dans le bas.

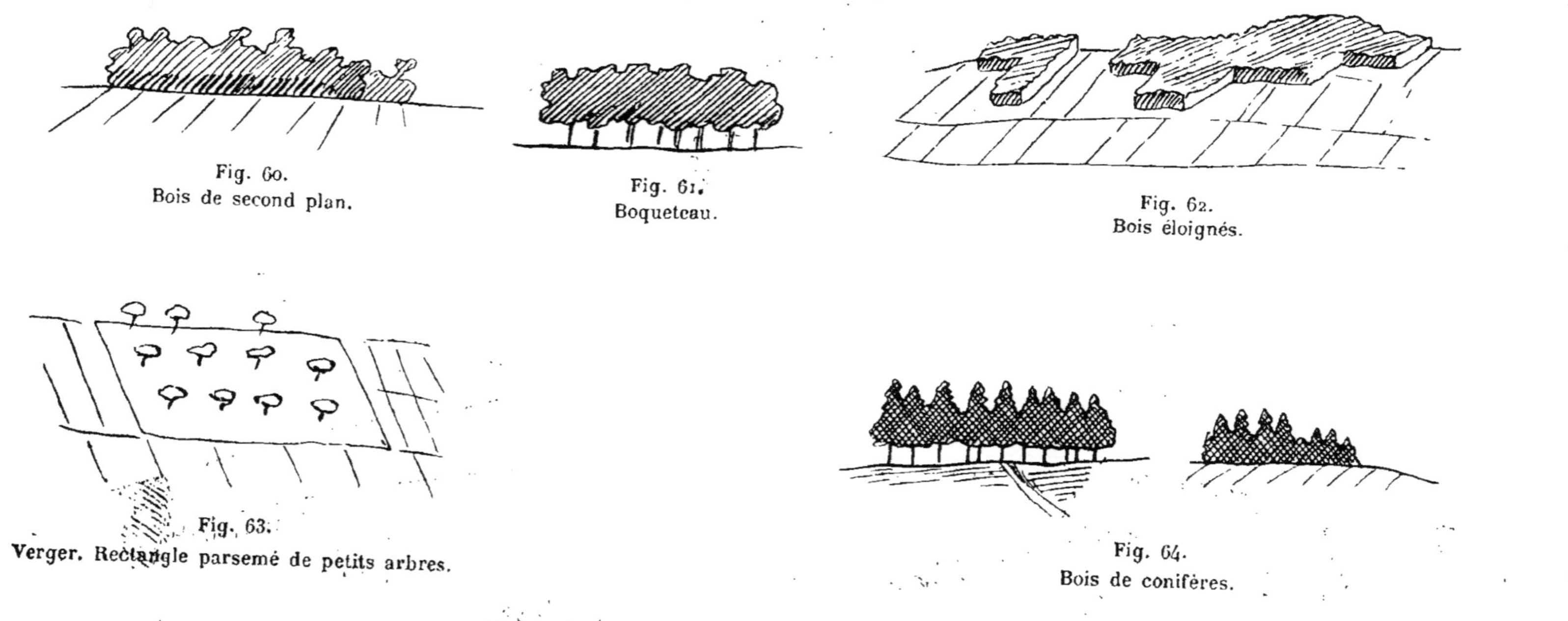

Fig. 60.
Bois de second plan.

Fig. 61.
Boqueteau.

Fig. 62.
Bois éloignés.

Fig. 63.
Verger. Rectangle parsemé de petits arbres.

Fig. 64.
Bois de conifères.

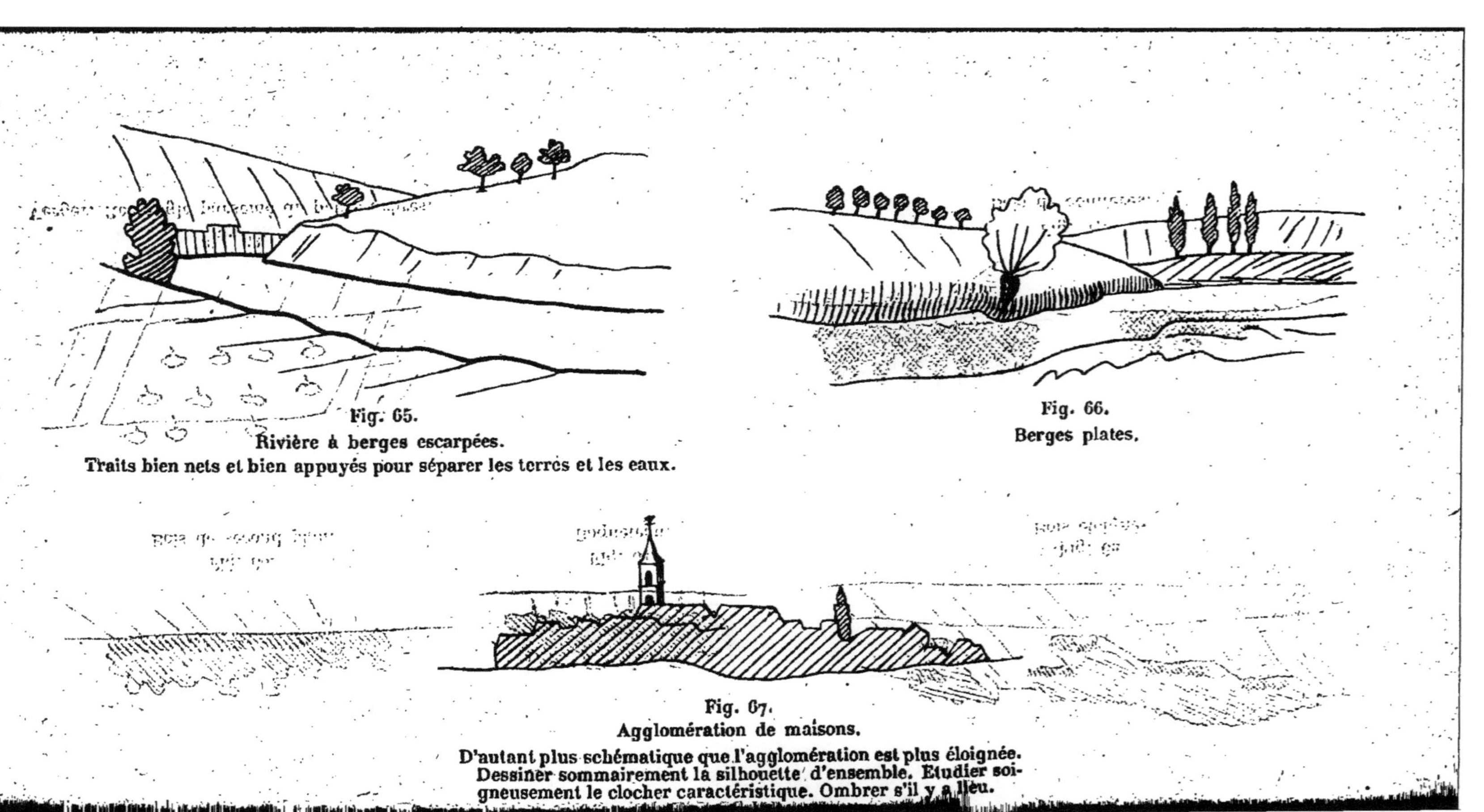

Fig. 65.
Rivière à berges escarpées.
Traits bien nets et bien appuyés pour séparer les terres et les eaux.

Fig. 66.
Berges plates.

Fig. 67.
Agglomération de maisons.
D'autant plus schématique que l'agglomération est plus éloignée.
Dessiner sommairement la silhouette d'ensemble. Etudier soigneusement le clocher caractéristique. Ombrer s'il y a lieu.

## § 6 — COMPLÉMENTS DE LA PRÉPARATION DU TIR DANS LE CAS DE POSITIONS MASQUÉES

Conformément au Règlement, l'artillerie de 75 occupe de préférence des positions masquées. Encore faut-il que les projectiles destinés au but puissent passer sans écrêter le *couvert* (crête) ou le *masque* (haies, murs, remblais, lignes d'arbres, agglomération d'habitations, etc.).

Il appartient, en général, aux commandants de groupe de désigner à leurs batteries les emplacements approximatifs convenables [1]. Mais, pour éviter tout mécompte dans ce cas, les capitaines doivent :

1º Vérifier, avant l'arrivée des batteries, que le tir sans écrêter est largement possible des emplacements choisis ;

2º Faire mesurer, dès l'arrivée des pièces, la hausse minimum qui permet de tirer, avec un angle de site déterminé, par-dessus le masque ou le couvert.

Ces opérations reposent sur les considérations suivantes :

Soient (fig. 68) OMP une trajectoire correspondant à un angle de projection $\varphi_{OP}$, M le projectile sur cette trajectoire à la distance OA à laquelle correspondrait l'angle de projection $\Phi$ ou $\varphi_{OA}$. On démontre que l'angle de site $\Sigma_P$ du projectile, à la distance OA de l'origine, a pour expression :

$$\Sigma_P = \varphi_{OP} - \varphi_{OA}$$

---

[1] *Artillerie de campagne. — La manœuvre appliquée. —* Par J. Challéat, chef d'escadron d'artillerie (Henri-Charles Lavauzelle, éditeur, rue Danton, Paris).

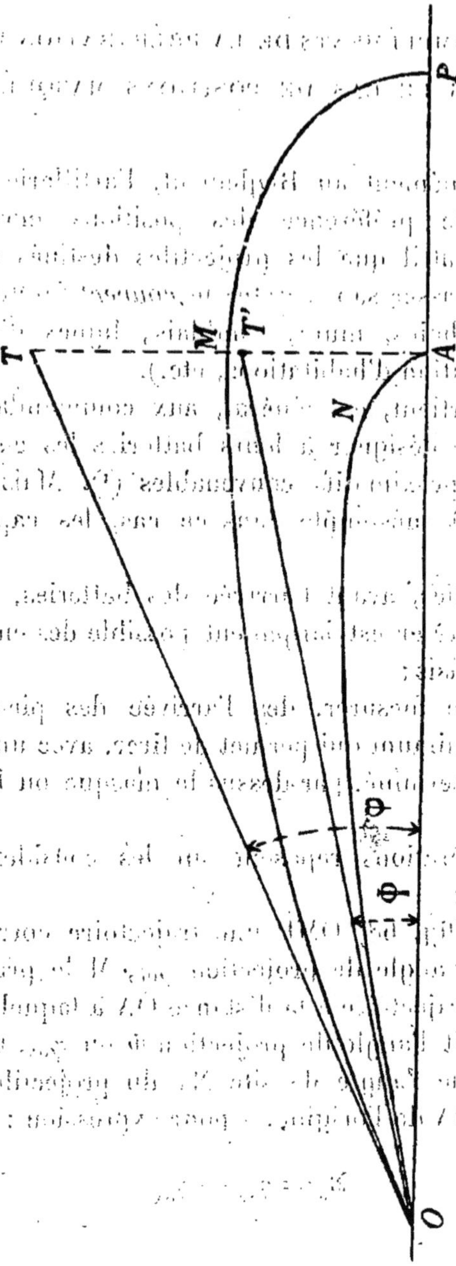

Fig. 68.

les angles $\Sigma_P$, $\varphi_{OP}$, $\varphi_{OA}$ étant évaluées en millièmes ([1]).

Il est d'ailleurs bien entendu que, si le but et la batterie ne sont pas au même niveau, on doit ajouter algébriquement l'angle de site du but à la valeur obtenue par la règle précédente ([2]).

L'angle $\Sigma_P$ a alors pour expression :

$$\Sigma_P = \varphi_{OP} - \varphi_{OA} + S,$$

S étant l'angle de site du but, *pris avec son signe*.

Connaissant l'angle $\Sigma_P$, il est facile de vérifier, en le comparant à l'angle de site (mesuré au sitomètre) du sommet apparent du couvert ou du masque, que le projectile n'écrêtera pas ce dernier.

Mais, pour connaître $\Sigma_P$, il faut connaître la différence des angles de projection (en millièmes) correspondant à la distance du but et à celle du sommet apparent du couvert ou du masque. Cette

---

([1]) Dans le tir tendu on peut admettre le principe de la rigidité de la trajectoire ou, encore, que la trajectoire OM peut être amenée en coïncidence avec la trajectoire ONA par une simple rotation autour du point O. Comme, dans cette rotation, T viendrait en T' et M en A, on a sensiblement :

$$TM = T'A.$$

Par suite :

$$MA = TA - T'A = OA\,(tg\,\varphi - tg\,\Phi),$$

d'où :

$$1\,000\,\frac{MA}{OA} = (tg\,\varphi - tg\,\Phi) \times 1\,000.$$

$1\,000\,\dfrac{MA}{OA}$ est l'angle de site en millièmes $\Sigma_P$ du projectile vu à la distance OA ; $1\,000\,tg\,\varphi$ est l'angle de tir en millièmes, $\varphi_{OP}$ pour la distance OP, et $1\,000\,tg\,\Phi$ l'angle $\varphi_{OA}$ pour la distance OA. On a donc bien :

$$\Sigma_P = \varphi_{OP} - \varphi_{OA}.$$

([2]) Si l'angle de site du but est nul, on a la figure 68. Si l'on fait tourner toute cette figure d'un angle de site S autour du point O, dans un sens ou dans l'autre, tous les angles sont modifiés d'autant et, par suite aussi, l'angle $\Sigma_P$, qui correspond au cas où l'angle de site du but est nul.

différence se calcule facilement par la règle suivante :

« L'angle de site $\Sigma_\mathrm{p}$ du projectile vu de la pièce à l'aplomb du sommet apparent du masque ou du couvert, est égal, en millièmes, aux $\dfrac{10}{4}$ du nombre d'hectomètres de la distance à laquelle on veut tirer au delà du masque, l'angle de site du but étant ajouté algébriquement, s'il y a lieu.

*Exemple :* Supposons que l'on veuille tirer à 2 400 mètres *au delà* d'une ligne de peupliers. L'angle de site du projectile à l'aplomb du masque sera $\dfrac{10}{4}$ de 24, soit 60 millièmes. Il faut donc se placer, pour tirer, en un point d'où le sommet des peupliers soit vu, au-dessus de l'horizon de la pièce, sous un angle inférieur ou au plus égal à 60 millièmes.

On le voit, rien n'est plus simple : on prend le quart du nombre des hectomètres de l'espace mort compatible avec les circonstances tactiques et on ajoute o au résultat. Pour effectuer facilement cette opération, on peut, d'ailleurs, arrondir l'espace mort en multiples de 4 hectomètres.

Un procédé mnémonique commode pour retenir cette règle est de l'appeler la « règle du 1/4 et de l'O », qui en rappelle les opérations (1).

------

(1) La règle du 1/4 et de l'O se démontre facilement. On peut approximativement représenter les angles de projection du tir à obus à balles de 75 par l'expression :

$$\varphi_\mathrm{D} = \frac{10}{4} \times \mathrm{D},$$

la distance D étant évaluée en hectomètres pour que l'angle $\varphi_\mathrm{D}$ soit exprimé en millièmes.

On a donc :

$$\Sigma_\mathrm{r} = \frac{10}{4}\,(\mathrm{OP}-\mathrm{OA}) + \mathrm{S} = \frac{10}{4}\,\mathrm{AP} + \mathrm{S}.$$

AP est l'espace mort $\mathrm{E_m}$ en hectomètres, S l'angle de site du but en millièmes. D'une façon plus générale, on peut représente

Malgré la simplicité de cette règle du « 1/4 et de l'O », nombreux ont été ceux qui en ont proposé le remplacement par d'autres qu'ils supposaient, à tort, plus exactes. Mais il ne faut pas que le lecteur se laisse troubler par cette abondance. Il suffit d'en adopter une et de s'en contenter. Nous recommandons celle qui est indiquée ci-dessus.

Il faut enfin remarquer que, dans le calcul de l'angle de site limite à admettre pour le masque, il faut bien se garder de rechercher une précision mathématique qui ne serait pas justifiée ici, en raison de l'incertitude des données. Quel est, en effet, le point de départ de toutes les solutions

---

$\dfrac{10}{4}$ par le coefficient numérique K et remplacer les angles en millièmes par leurs tangentes. On a alors, en posant $\Sigma_p = 1000 \, \mathrm{tg}\,\rho$. et $S = 1000 \, \mathrm{tg}\,S$ :

$$1000 \, \mathrm{tg}\ \rho = K E_m + 1000 \, \mathrm{tg}\ S.$$

La règle du 1/4 et de l'O donne une marge de sécurité dans le non-écrètement qui va en croissant avec la grandeur de l'espace mort. Dans tous les cas, la valeur calculée $\Sigma_p$, étant toujours inférieure à sa valeur réelle, le projectile passe toujours mieux qu'on ne l'a calculé. Il est facile de s'en rendre compte par le tableau ci-dessous, déduit des tables de tir.

| DISTANCES | 400 | 1600 | 2000 | 2400 | 2800 | 3200 |
|---|---|---|---|---|---|---|
| Angles de projection de l'obus à balles de 75 | 8 | 38 | 48 | 62 | 77 | 93 |
| Angles de projection de l'obus explosif de 75 | 6 | 36 | 47 | 62 | 78 | 99 |
| Angles $\varphi$ calculés par la règle du 1/4 et de l'O | 10 | 40 | 50 | 60 | 70 | 80 |

On voit que l'angle $\varphi_{op}$ est calculé par défaut et $\varphi_{AO}$ par excès. Par suite, $\Sigma_p$ est bien calculé par défaut.

Dans le tir au delà de 3000 mètres, on éprouve généralement peu de peine à se défiler convenablement, sans risquer d'écrèter, et la marge de sécurité est facile à obtenir.

admises, ou proposées? La grandeur de l'espace
mort compatible avec les circonstances tactiques?
En admettant que celles-ci soient parfaitement
définies, il reste toujours à connaître la distance du
point le plus rapproché à battre éventuellement.
On sait que, même avec le télémètre modèle 1912,
cette distance ne peut être mesurée exactement et
qu'en outre la hausse dépend des variations atmosphériques. Aussi conseillons-nous d'interpréter largement les résultats, quelle que soit la règle appliquée pour les obtenir, et même si la distance est
télémétrée.

*Exemple* : Veut-on tirer à 1 800 mètres au delà
d'une ligne de peupliers? Il faut que, de l'emplacement projeté, on aperçoive le sommet de ces arbres
sous un angle au plus égal à 45 millièmes au-dessus
de l'horizon de la pièce : le projectile passera donc
sûrement, si l'angle de site du sommet des peupliers
correspond à environ la largeur du pouce vu à bout
de bras. Il vaut mieux ne pas se défiler, autant qu'il
serait possible, au seul point de vue du tir, que de
risquer de ne pouvoir tirer parce qu'on aurait pris,
comme base, une distance minimum erronée.

Ces notions acquises, revenons aux opérations
complémentaires de la préparation du tir dans le cas
d'occupation d'un emplacement masqué. Il s'agit,
comme on l'a vu plus haut :

1º De vérifier, avant l'arrivée des batteries, que le
tir, sans écrêter, est largement possible de l'emplacement projeté ;

2º De faire mesurer, dès l'arrivée des pièces, la
hausse minimum qui, pour un angle de site déterminé, permet de tirer par-dessus le masque ou le
couvert.

1º *Vérification du non-écrêtement.* — Le capitaine ayant calculé $\Sigma_p$, met un genou près de terre,
de façon à placer son œil à hauteur de genouillère

et vérifie, avec le sitomètre, que, de l'emplacement choisi, l'angle de site du sommet apparent du masque ou du couvert est inférieur à $\Sigma_p$. Sachant que $\Sigma_p$ est l'angle de site du projectile, il a devant les yeux l'image de ce qui se passera dans le tir et il ne peut avoir d'hésitation sur les opérations à effectuer.

Il peut aussi se servir de la graduation en hausses d'écrêtement qui se trouve dans le sitogoniomètre modèle 1911 et opérer alors comme il est dit à l'article 4 de l'Annexe n° 2 du titre IV du Règlement de manœuvre.

2° *Mesure de la hausse minimum.* — Cette mesure a pour but de donner aux chefs de pièce le moyen d'arrêter le tir quand le capitaine, absorbé par la conduite du feu, pourra être tenté de tirer trop près. Comme, en général, l'angle de site du tir précédent ne sera pas changé à ce moment, c'est pour l'angle de site avec lequel on compte tirer qu'il faut faire mesurer la hausse minimum. Ayant donné cet angle de site au berceau, on fait tourner le canon au moyen de la hausse de façon à araser le masque ou le couvert avec la ligne de mire naturelle : on mesure ainsi la portée correspondant à l'angle $\varphi_{op} - \varphi_{oa}$, c'est-à-dire l'espace mort E$m$ qui serait laissé par la trajectoire rasant la crête. En y ajoutant la distance OA, on a donc bien, *exactement,* la distance minimum de tir, et cela quelles que soient cette distance de tir et la distance de la batterie au masque ou au couvert.

Pour terminer ce qui concerne les opérations spéciales de la préparation du tir dans le cas de positions masquées, nous rappellerons que, si l'emplacement de batterie, sur une pente, est assez loin de la crête, il peut y avoir avantage à modifier en conséquence l'angle de site $S_o$ mesuré du sommet de cette dernière. On peut, à cet effet, soit augmenter $S_o$ de l'angle de tir correspondant à la distance de la batterie à la crête (Voir *Manœuvre appliquée*), soit ajouter l'angle obtenu en divisant la différence de niveau, en mètres, qui existe entre la batterie et la crête, par la distance de tir, en kilomètres.

---

## Résumé du chapitre II.

La *préparation du tir* consiste à former le faisceau des plans de tir et à orienter sa droite sur la droite du but ou sur le repère, à mesurer ou à évaluer l'angle de site du but, à choisir le correcteur et à mesurer ou à apprécier la distance de tir.

Cette préparation peut être complétée, dans le cas de la position en surveillance, par des mesures diverses qui sont enregistrées sur un croquis très simple. Enfin, dans le cas des positions masquées, il faut s'assurer du non-écrêtement du couvert ou du masque.

Le faisceau se trouve à la fois formé et orienté, si l'on dispose d'un point de pointage. Si l'on ne dispose pas d'un tel point, il faut pointer une pièce directrice, puis former le faisceau en orientant les autres pièces d'après la première.

Dans le cas d'emploi d'un point de pointage convenable, on connaît à l'avance la correction de convergence s'il y a lieu. Il suffit alors de mesurer, par exemple à la main, l'écart angulaire entre le point de pointage et la droite du but (ou le repère du chef d'escadron, s'il s'agit de s'établir en surveillance); ainsi que le front à battre, de façon à en prendre le quart pour obtenir l'échelonnement de répartition.

Soit, par exemple, un point de pointage à 140 millièmes à gauche de la droite du but et à mi-distance environ de ce dernier. Le but ayant d'autre part un front de 40 millièmes, le capitaine commande :

> « Point de pointage : tel objet ;
> « 1<sup>re</sup> pièce — P. 14, T. 160 ;
> « Échelonnez de 15,

et le faisceau se trouve à la fois formé et orienté.

On néglige, dans la préparation du tir de campagne, l'influence du vent et la dérivation ; l'inclinaison de l'essieu est corrigée, s'il y a lieu, par les chefs de section.

S'il s'agit de s'établir en surveillance, on opère comme ci-dessus en supposant que l'échelonnement de répartition est de 15 millièmes, à moins que l'on ait une raison d'adopter une autre valeur. De plus, on ajoute aux commandements précédents les commandements :

> « Inscrivez les dérives — En surveillance. »

Lorsqu'on ne dispose pas d'un point de pointage satisfaisant, on pointe la pièce directrice, autant que possible par jalonnement à l'aide du brigadier de tir, ou, si l'on est complètement sur le côté, en la rendant parallèle à la ligne capitaine—but ou capitaine—repère, puis en la faisant tourner de la parallaxe du front capitaine—pièce.

Les commandements sont :

> Sur moi — ou sur le brigadier de tir (ou sur le jalon qui le remplace),
> 1<sup>re</sup> pièce — P. tant, T. tant.

La première pièce étant pointée, on forme le faisceau, soit au commandement :

> « Sur telle pièce — visées réciproques »,

soit en faisant repérer la première pièce sur un point de pointage, sur le côté ou en arrière de préférence, et en faisant pointer les autres pièces en conséquence.

Dans le cas où l'on se sert du procédé des visées réciproques, qui ne donne que l'ouverture de 5, le capitaine fait en général augmenter l'échelonnement de 10, de façon à commencer le feu avec un faisceau assez ouvert.

L'angle de site du but se mesure soit au sitogoniomètre, soit au moyen de la lunette de batterie ou du théodolite. A défaut d'instruments, il peut être apprécié à l'œil.

A défaut d'indices ou de renseignements fournis par des tirs précédents, le correcteur à adopter pour ouvrir le feu est le correcteur 18 que l'on peut présumer convenir à un tir fusant très bas, seul favorable à l'observation du sens des coups en portée.

Enfin la distance est mesurée au télémètre, mais souvent, faute de temps, il faut savoir se contenter d'une appréciation à vue.

Si l'on est en position de surveillance, il est avantageux d'inscrire les résultats des mesures complémentaires effectuées sur un croquis réduit à trois ou quatre lignes et à quelques points. Chacun peut procéder à cette opération selon ses aptitudes, mais il est toujours plus avantageux de suivre les conventions usuelles. Les renseignements éventuellement communiqués ne nécessitent pas alors d'explications supplémentaires.

La batterie étant sur une position masquée et le chef d'escadron en ayant fixé l'emplacement approximatif, le capitaine vérifie le non-écrêtement.
A cet effet il calcule l'angle de site du projectile à l'aplomb du masque $\left(\dfrac{10}{4}\right.$ de l'espace mort en hectomètres, augmenté ou diminué de l'angle de site

du but suivant que, pour atteindre ce dernier, il faut remonter ou abaisser la trajectoire qui correspondrait au tir en terrain horizontal) et il compare cet angle calculé à l'angle de site du sommet apparent du masque ou du couvert, mesuré au sitomètre ou apprécié à vue. Pour cette mesure, il place l'œil à hauteur des tourillons de la glissière du canon, ce qu'il peut faire en mettant un genou au voisinage du sol.

# CHAPITRE III

## LE RÉGLAGE DU TIR

Si la préparation du tir a été bien faite (directement sur le but ou en passant par la position de surveillance), la droite du faisceau est ou peut être facilement dirigée sur la droite du but, et l'ouverture du faisceau sensiblement appropriée au front à battre. On connaît en outre d'une façon approchée l'angle de site, le correcteur et la distance de tir.

Les commandements nécessaires à la formation et à l'orientation du faisceau ont été indiqués dans le chapitre II. Nous les avons cependant réunis, ci-après, à ceux qui sont relatifs à l'ouverture du feu, de façon à présenter, dans leur ensemble et tels qu'ils sont émis en réalité, tous les commandements qui précèdent le réglage du tir.

Ces commandements sont, suivant les cas :

| | |
|---|---|
| Point de pointage : tel objet ;<br>1re pièce : P. tant, T. Tant ;<br>Echelonnez de tant. | Préparation directe sur le but avec formation et orientation du faisceau par opérations simultanées. |

ou :

| | |
|---|---|
| Point de pointage : tel objet ;<br>1re pièce : P. tant, T. tant ;<br>Échelonnez de tant ;<br>Inscrivez les dérives. En sur-veillance ;<br>Puis, le but étant défini :<br>Augmentez (diminuez) de tant,<br>Augmentez (diminuez) l'éche-lonnement de tant. | Passage par la position de surveillance avec formation et orientation du faisceau par opérations simultanées. |

ou :

<table>
<tr><td>

1<sup>re</sup> pièce sur moi (ou sur le brigadier de tir, ou sur le jalon),<br>
P. tant, T. tant, et ensuite, le cas échéant : augmentez (diminuez) de tant.<br>
Puis, cette pièce étant pointée :<br>
Sur la 1<sup>re</sup> pièce, visées réciproques.<br>
Et le parallélisme obtenu :<br>
Augmentez l'échelonnement de 10 (ou de 5).

</td><td>

Préparation directe sur le but avec formation et orientation du faisceau par opérations distinctes.

</td></tr>
</table>

ou :

<table>
<tr><td>

1<sup>re</sup> pièce sur moi (ou sur le brigadier de tir, ou sur le jalon),<br>
P. tant, T. tant, et, le cas échéant : augmentez (diminuez) de tant.<br>
Puis, cette pièce étant pointée :<br>
Sur la 1<sup>re</sup> pièce, visées réciproques.<br>
Et, le parallélisme obtenu :<br>
Augmentez l'échelonnement de 10 ;<br>
Inscrivez les dérives. — En surveillance ;<br>
Puis, le but étant défini :<br>
Augmentez (diminuez) de tant,<br>
Augmentez (diminuez) l'échelonnement de tant.

</td><td>

Passage par la position de surveillance avec formation et orientation du faisceau par opérations distinctes.

</td></tr>
</table>

Les pièces étant ainsi prêtes à abattre, les commandements relatifs à l'ouverture du feu sont :

Abattez *ou* Sans abattre ([1])

et, les pièces étant abattues :

Angle de site : + ou — tant ; correcteur tant.

---

([1]) Sur certains terrains favorables, on peut, si l'on est pressé d'ouvrir le feu, tirer sans abattre. On n'abat jamais quand le but est très mobile ou en cas d'attaque rapprochée (Reglement de manœuvre, titre IV, n<sup>os</sup> 103 et 104).

Enfin :

    1° Par la droite (¹) par batterie ;
    2° Telle distance (²) (3 200 par exemple).

Le commandement 1° doit être considéré comme un commandement préparatoire, et le commandement 2° comme un commandement d'exécution. L'intonation doit en être réglée en conséquence.

D'une façon générale, d'ailleurs, il est de la plus grande importance de commander toujours les mêmes opérations de la même façon (celle du Règlement), avec l'intonation convenable.

C'est la meilleure manière d'habituer le personnel à effectuer *machinalement,* comme il convient à la guerre, les opérations nécessaires à l'exécution du tir.

Il convient aussi, dans le même ordre d'idées, que le personnel, y compris le commandant de batterie, occupe son poste de combat (titre IV, n° 117) de façon à être accoutumé aux difficultés de commandement qui peuvent en résulter.

Passons maintenant au tir de la première salve, qui suit immédiatement le commandement « telle distance ». La première salve a une importance capitale, car, si elle est bien exécutée et bien observée, la durée du réglage peut être sensiblement abrégée. Pour atteindre ce résultat, quelques précautions sont nécessaires.

---

(1) Il convient de faire tirer les pièces en commençant par la droite si le vent vient de gauche, et vice versa : par exemple, si le vent souffle de la droite vers la gauche, c'est la 4ᵉ pièce qui doit tirer avant la 3ᵉ, etc. Si la 3ᵉ tirait, en effet, avant la 4ᵉ, le vent chasserait son nuage d'éclatement vers la gauche, et cela pourrait gêner l'observation du coup de la 4ᵉ pièce.

(2) Le Règlement, titre IV n° 181, indique les avantages respectifs que l'on s'assure en débutant par des coups longs où par des coups courts. Il semble qu'il y ait, en général, plus d'avantages à débuter par des coups longs.

### Précautions à prendre dans le tir
### de la première salve.

*a*) Il convient d'habituer les chefs de pièce à laisser écouler entre les coups successifs de cette première salve un intervalle de temps un peu plus grand que pour les salves suivantes. Cela permet au capitaine d'observer, avec calme, la direction, la hauteur d'éclatement et, s'il y a lieu, la portée.

Dans cet ordre d'idées, on entend parfois des artilleurs préconiser, pour la première salve, le tir par pièce, chaque chef de pièce attendant, pour tirer, l'indication du numéro de sa pièce par le capitaine. Théoriquement, cette mesure peut paraître bonne ; en fait, le tableau parle moins aux yeux, le capitaine oublie d'indiquer en temps opportun le numéro de la pièce à tirer, etc. Ces inconvénients pourraient être évités en partie en apportant, si on le jugeait avantageux, une variante à ce procédé : on réglerait alors le tir en direction coup par coup, et chaque chef de pièce ferait tirer sa pièce dès qu'une correction, fût-elle *zéro,* aurait été faite à la dérive de la pièce précédente.

D'ailleurs, il convient de ne pas laisser trop d'intervalle entre les coups, si l'on veut, au point de vue du correcteur, se fixer le « tableau » des éclatements dans la mémoire.

*b*) Avant d'énoncer la distance, pour déclancher le tir de la première salve, il est bon de se tenir solidement posté face à l'objectif, la jumelle mise au point et suspendue au cou, prête à être portée aux yeux (ou la lunette binoculaire à portée immédiate et pointée sur le but).

L'avantage de ces précautions est double : d'une part, le capitaine ne réduit pas son champ de visée par un emploi prématuré de la jumelle, ou de la lunette, dont le champ est restreint ; d'autre part, il est prêt à utiliser ces instruments si les coups tombent dans la direction et près du but.

Il est toujours prudent, en effet, d'observer la première salve à l'œil nu, pour tenir compte des erreurs possibles dans l'appréciation ou la détermination des éléments initiaux du tir, erreurs qui peuvent parfois être assez grandes pour faire tomber les coups hors du champ de la jumelle ou de la lunette dirigée sur le but. Lorsque ce cas se produit, un usage inconsidéré de la jumelle ou de la lunette expose à cataloguer « non vus » des coups cependant des plus visibles, comme des coups trop hauts, par exemple, qui se détachent sur le fond bleu et uniforme d'un ciel sans nuages.

Il ne faut donc employer, exceptionnellement, la jumelle ou la lunette pour la première salve, que si l'observation du premier coup permet d'escompter que les coups suivants éclateront à bonne hauteur, dans la bonne direction et dans le voisinage du but. Lorsque la salve est très courte ou très longue, l'observation à vue est au contraire toujours indiquée, car elle est facile.

*c)* Nous avons dit que la préparation du tir ne devait pas être trop minutieuse; elle doit être cependant assez exacte pour ne pas donner lieu à des coups croisés qui troublent le tireur, en renversant l'ordre naturel des coups. Dans le même ordre d'idées, il faut éviter de tirer une salve incomplète ou dans un ordre incorrect, et si on l'a fait accidentellement, le capitaine doit en être averti aussitôt.

Dans tous les cas, si l'on a affaire à des coups croisés, le meilleur moyen de « débrouiller le faisceau » est de tirer de nouveau la salve avec un échelonnement augmenté, quitte, dans les tirs de groupe sur un même front, à relever le correcteur pour ne pas gêner l'observation des coups des batteries voisines.

*d)* Il importe, pour *éviter les difficultés* et pour

donner aux débutants l'assurance indispensable à tout bon tireur, de ne pas faire tirer un trop grand nombre de pièces sur un front trop étroit, à moins que ce ne soit par *superposition des coups*. La pratique montre qu'il est difficile de répartir, par *juxtaposition des plans de tir*, le feu de quatre canons sur un front inférieur à 20 millièmes.

Même sur ce dernier front, si l'on jugeait nécessaire d'employer toute une batterie, il serait préférable de régler le tir avec une section et de ne faire participer la seconde qu'au tir d'efficacité, en la superposant à la première. On pourrait même régler le tir avec une seule pièce, comme l'autorise le Règlement (Titre IV, n° 130).

On pourrait employer une solution du même ordre pour tirer avec trois batteries sur un front de 60 millièmes. Au lieu d'affecter 20 millièmes à chacune de ces trois batteries, on procéderait au réglage avec deux d'entre elles et la troisième n'interviendrait que dans le tir d'efficacité, en fauchant sur tout le front.

*e) Correction des écarts en direction.* — Soit *a b* (fig. 69) le front du but à battre, qui est vu dans la jumelle (fig. 70) sous 45 millièmes [1].



[1] La figure 69 montre que, pour mesurer un front, il faut

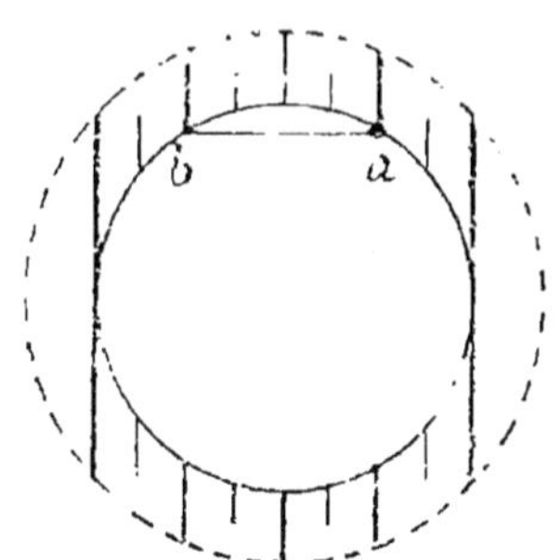


Fig. 70.

placer ce front plus ou moins haut dans l'anneau oculaire, de

Supposons que la première salve ait fourni des éclatements 1, 2, 3, 4 mal répartis. Pour les répartir convenablement, on peut :

1° Amener le coup 1 dans la direction de la droite $a$ du but, ce qui se fera en déplaçant tout le faisceau de l'intervalle 1 — $a$, soit ici 15 millièmes vers la

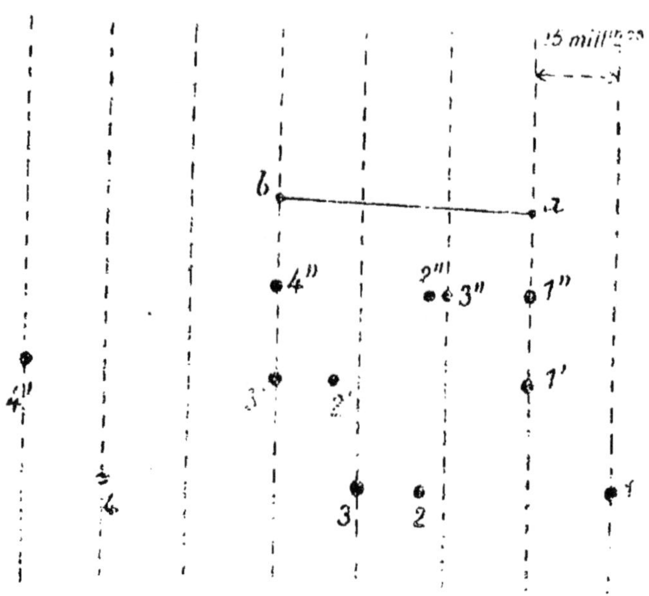



Fig. 69.

gauche. Cette opération a pour effet, si l'on tire la deuxième salve avec les dérives ainsi corrigées, de donner des éclatements en 1', 2', 3' et 4' ;

2° Amener le coup 4' en 3', en diminuant l'échelonnement du tiers de l'intervalle 4' $b$, lequel est égal à la somme des intervalles 1 — $a$, 4 — $b$, soit 45 millièmes.

On commandera pour cela : « Diminuez l'échelonnement de 15. » Cette opération a pour effet, si on tire la troisième salve avec les dérives ainsi cor-

---

façon à n'avoir pas à prolonger outre mesure les divisions du micromètre périphérique.

**Le micromètre rectiligne dispense de cette précaution.**

rigées, de donner des éclatements en 1″, 2″, 3″ et 4″ (1) ;

3° Mettre 3″ et 2″ à leur place par une correction individuelle.

Avec un peu d'habitude, on peut faire, après le tir de la première salve, les corrections 1° et 2°.

Dans le cas de la figure 69, on commandera, après la première salve :

« Augmentez de 15 — (une pause). Diminuez l'échelonnement de 15. »

Il peut être bon de ménager une pause entre les deux commandements, de façon à ne pas rendre la tâche des pointeurs trop difficile, en leur prescrivant deux opérations à la fois. En tout cas, il ne faut pas les pousser à réduire à une seule, par un calcul de tête, les deux corrections.

Par contre, en évitant toute pause, on pourra, dans certains cas, épargner à certaines pièces de relever inutilement.

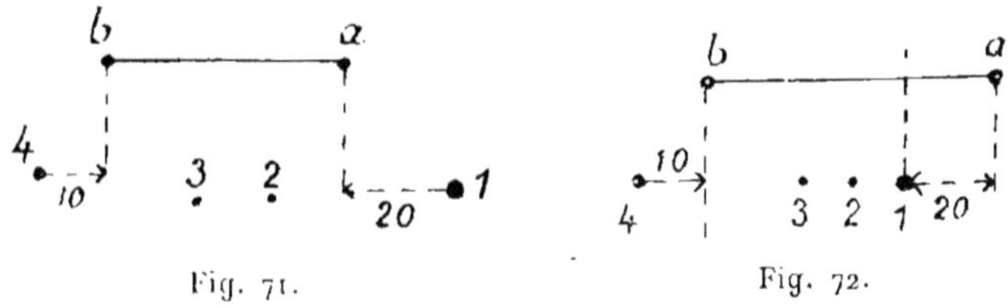


Fig. 71.          Fig. 72.

Dans le cas des figures 71 et 72 on commanderait après la première salve :

« Augmentez de 20 — (sans pause). Diminuez l'échelonnement de 10 »

et

« Diminuez de 20 — (sans pause). Augmentez l'échelonnement de 3. »

_____

(1) Dans le cas d'un but dont le front nécessitera le fauchage, il appartient au commandant de batterie de se ménager la possibilité de faucher sans déborder le front à battre d'une façon exagérée. A cet effet, il règle le tir en direction de façon qua chaque pièce tire sur la droite du quart du front qui lui revient par répartition.

Tous les écarts sont évalués *à vue* par rapport au front *a b*.

On aurait pu, au contraire, observer une pause entre les deux commandements s'ils avaient dû conduire à des opérations de même sens. Si le premier commandement oblige, alors, en effet, à relever, il en est de même, *a fortiori*, en y joignant le second.

Si le but ne peut ainsi servir de *base* à l'évaluation des écarts en direction, on en mesure une autre dans son voisinage, dès le début de la préparation du tir. Cette opération est essentielle. Sans elle, on n'a pas le « millième dans l'œil » et on ne peut méthodiquement régler le tir en direction.

Il n'est pas prudent, d'autre part, après la première salve, d'ajouter aux corrections relatives à l'orientation et à l'ouverture du faisceau, celles qui peuvent être nécessaires à la répartition uniforme des coups : cela ferait trop de corrections à la fois et on aurait des chances sérieuses d'erreur.

Les corrections, même réduites à celles nécessaires pour amener la droite et la gauche du faisceau respectivement sur la droite et la gauche du but (1), peuvent, d'ailleurs, paraître difficiles à calculer sur le terrain. En réalité, il n'en est rien, si l'on a exercé la « mémoire des yeux ».

La première correction est facile à faire, puisqu'elle ne dépend que de l'observation du coup de la première pièce. Pour la seconde correction, il suffit de se rappeler où se trouvait le quatrième coup par rapport à la gauche du but et de tenir compte de l'influence de la première correction.

Ainsi, dans le premier des trois exemples ci-dessus, on se rappelle que la première correction a déplacé tous les coups de 15 à gauche. Comme le quatrième coup était lui-même de 30 à gauche, il se trouve,

---

(1) Voir le renvoi de la page 97.

après correction, de 45 à gauche : on le ramènera à sa place convenable en diminuant l'échelonnement de 15.

C'est encore d'après les résultats de la première salve que l'on modifie, s'il y a lieu, le correcteur et que l'on apprécie, si possible, le sens des coups en portée.

1° *Réglage du correcteur.* — Le Règlement prescrit d'employer, pendant le réglage du tir fusant en portée, un correcteur assez faible pour que les éclatements correspondants soient vus à 1 millième seulement au-dessus du pied du but.

Cette prescription est justifiée, car, pour peu que les coups éclatent plus haut que la limite fixée ci-dessus, il devient très difficile d'apprécier si le nuage des éclatements occulte ou n'occulte pas l'objectif, c'est-à-dire si les coups sont courts ou longs.

Si la première salve a donné des coups fusants dont la hauteur moyenne est de $n$ millièmes, on peut espérer que la salve suivante sera à bonne hauteur, en diminuant le correcteur de $n - 1$ millièmes. Il n'en est pas de même si la première salve a été percutante, car on ignore de combien il faudrait diminuer le correcteur pour avoir des coups fusants. Aussi, pour se mettre le plus rapidement possible dans les conditions du premier cas susvisé, il convient de relever franchement le correcteur, comme le prescrit le Règlement. On doit, dans ce but, procéder par bonds de quatre divisions du correcteur [1].

_______________

(1) Les coups peuvent être percutants parce qu'on a pris un angle de site trop inférieur à sa valeur réelle. Dans le cas où l'on craint d'être ainsi conduit à sortir des limites du correcteur, il y a lieu de changer d'angle de site.

Exceptionnellement, cependant, on ne touche ni au correcteur, ni à l'angle de site après une salve percutante au-dessus du

Il faut toutefois tenir compte des observations suivantes :

Le nuage d'éclatement des obus à balles de 75, notamment celui de l'obus Robin, a une longueur appréciable pouvant atteindre normalement 5 mètres en projection verticale. Or, la hauteur d'éclatement correspond au sommet du nuage. On peut donc se laisser entraîner à vouloir observer le sens des écarts en portée bien que la hauteur d'éclatement soit un peu supérieure à 1 millième. Il faut savoir résister à cette suggestion, car elle peut conduire à des ratés de réglage.

D'autre part, les coups tirés avec les mêmes éléments ne vont jamais tomber au même point : ils sont soumis à la loi de la dispersion naturelle qui tient à l'imperfection des moyens d'investigation dont l'homme dispose, et qui lui font croire identiques des éléments qui ne le sont pas rigoureusement.

D'après cette loi, sur laquelle nous reviendrons, il devrait y avoir une proportion normale d'un coup percutant (¹) sur une salve de quatre coups réglés pour la hauteur moyenne de 1 millième. Il ne faut donc pas relever le correcteur si la première salve a donné un ou même deux coups percutants.

Le correcteur qui donne des nuages assez bas pour permettre d'observer les écarts en portée avec certitude se nomme : *correcteur de réglage.*

La détermination précise du correcteur de réglage a une importance capitale. L'observation des écarts en portée doit, en effet, être basée *uniquement* sur la position du nuage d'éclatement par rapport à l'objectif. Il faut, en particulier, bien se garder de tenir compte de la poussière soulevée sur certains terrains

______

(¹) ............................................................ plan de site du but, si, avec les mêmes éléments sauf la hausse, on avait obtenu précédemment des coups fusants occultant le but. Il y a tout lieu, en effet, de présumer, dans ce cas, que les coups sont rendus percutants par les formes du terrain.

(¹) Ou fusant au-dessous du plan de site du but.

par les balles de la gerbe, car toutes ces balles ne
sont pas efficaces. Les considérations suivantes suffisent à le montrer :

Soit S (fig. 73) le point d'éclatement d'un obus à

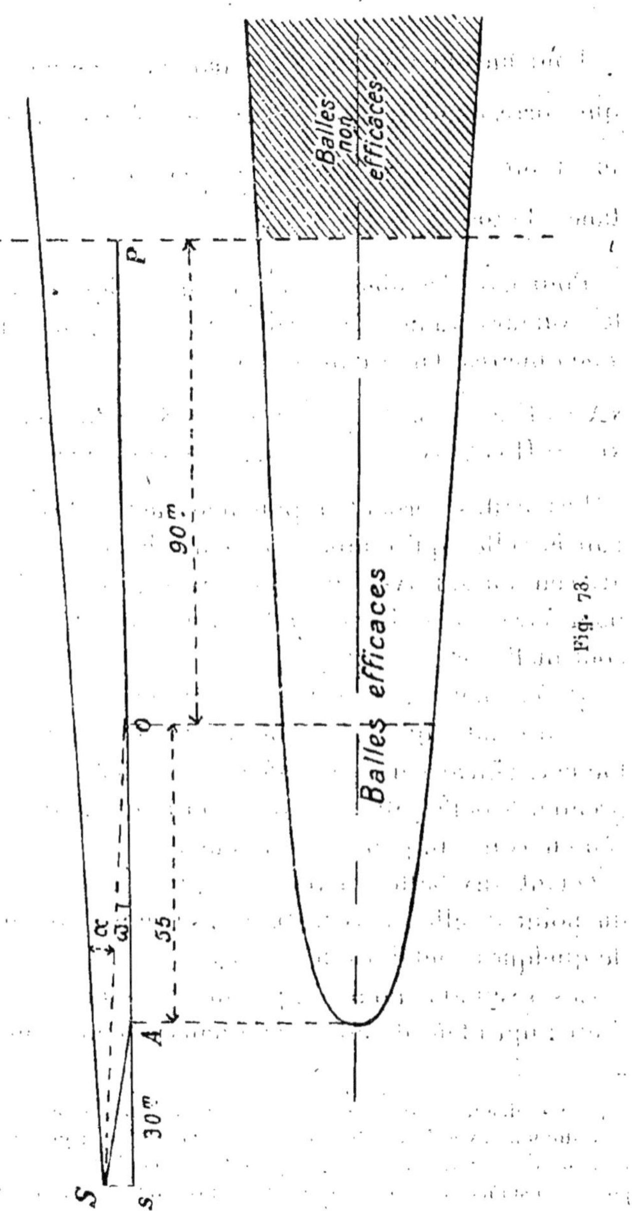

balles de 75. La gerbe peut être assimilée à un cône ayant pour axe la trajectoire SO et pour angle au sommet l'angle $2\alpha$. La section de ce cône par le sol supposé horizontal est une sorte de conique mal déterminée dans sa partie éloignée du sommet S.

Pour un obus éclatant à la hauteur-type de $\dfrac{3}{1\,000}$, qui correspond, d'après l'expérience, à l'efficacité maximum, on a $Ss = H = \dfrac{3}{1\,000} D$, D étant la distance de tir.

Pour fixer les idées, construisons la figure 73 avec les valeurs numériques relatives à la distance $D = 2\,500$ mètres. On a dans ce cas :

$$sA = H \cotg (\omega + \alpha) = 7,5 \times 3,8 = 30^m \text{ environ,}$$
$$sO = H \cotg \omega = 7,5 \times 11,2 = 85^m \text{ environ.}$$

Les balles perdent rapidement leur vitesse dans l'air et celles qui tombent au point P, par exemple, arrivent au sol avec une force vive juste suffisante pour être meurtrières. Celles qui tombent au delà sont inefficaces.

A 2 500 mètres, l'expérience donne $OP = 90$ mètres.

Il en résulte qu'à 2 500 mètres, la gerbe a une profondeur efficace un peu inférieure à 150 mètres, les premières balles efficaces tombant à 30 mètres environ en avant du point d'éclatement (¹).

Quant aux balles inefficaces, qui tombent au delà du point P, elles se répartissent sur une profondeur de quelques centaines de mètres.

Ces résultats montrent péremptoirement combien il est imprudent de croire une hausse bonne unique-

---

(1) Aux distances supérieures à 2 500 mètres, la profondeur efficace diminue avec la distance de tir, comme il est facile au lecteur de s'en rendre compte en répétant les calculs faits ci-dessus pour la distance de 2 500 mètres et en utilisant le tableau II annexé à ce volume.

ment parce que l'objectif est environné de la poussière soulevée par les balles, et combien il importe de s'en tenir rigoureusement, sur ce point, aux prescriptions réglementaires.

*Correcteur d'efficacité.* — En augmentant de deux unités le correcteur de réglage, qui correspond à la hauteur moyenne d'éclatement de 1 millième, on obtient le correcteur d'efficacité. Ainsi, un correcteur de réglage trop fort peut conduire, non seulement à des erreurs dans l'observation du sens des écarts en portée, mais aussi à un tir d'efficacité trop haut, par suite moins efficace qu'un tir à hauteur-type (¹).

Pour diminuer les chances d'erreur sur le correcteur de réglage, on peut recourir à la considération des lois de la dispersion naturelle des coups. D'après cette loi, si le correcteur de réglage est bon, il doit conduire, en moyenne, à un coup percutant sur quatre (²). Cela veut dire que dans les salves successives de réglage, on peut avoir tantôt zéro, tantôt un, tantôt deux coups percutants sur quatre et qu'un tir de réglage sans un seul coup percutant doit être considéré comme suspect.

Au delà de 4 000 mètres, les causes de la dispersion naturelle agissent plus longtemps qu'aux faibles portées et acquièrent une plus grande influence. A la hauteur moyenne de 1 millième correspond alors moitié de coups percutants et même, à celle de $\dfrac{3}{1\,000}$, il s'en produit encore. On ne pourrait éviter ces derniers, ou tout au moins en diminuer le nombre, que si, avant de passer au tir d'efficacité, on aug-

---

(1) Voir à la fin de ce volume le tableau III qui montre comment varie, avec la hauteur d'éclatement, la profondeur battue efficacement.

(2) Dans le cas où le plan de site du but passe au-dessus du terrain, on doit toujours considérer comme percutant un coup fusant au-dessous de ce plan de site.

mentait le correcteur de réglage de 3 unités au lieu de 2. Mais, comme on majorerait ainsi, en même temps, le nombre des coups trop hauts, cette mesure ne présente pas autant d'intérêt qu'on pourrait le croire.

**2° Réglage du tir en portée.** — On cherche d'abord à encadrer le but entre deux hausses différant de 400 mètres, en procédant par bonds de cette amplitude. A ce sujet, nous indiquerons quelques conseils pratiques :

*a)* Ne pas chercher à apprécier les écarts en portée de coups éclatant trop haut : on s'expose à des observations erronées qui peuvent conduire à des ratés de réglage. Aussi faut-il se borner, sans hésiter, à énoncer ces coups : « non observés ».

*b)* Ne pas se laisser entraîner à modifier, *sans raison bien nette,* l'amplitude des bonds. Si cette modification n'est basée que sur l'appréciation de la valeur des écarts, elle peut quelquefois réussir, mais le plus souvent échouer.

Si, par exemple, une salve tirée à 2 400 mètres ayant seulement *paru très peu courte,* on commande 2 500 pour la salve suivante, au lieu de 2 800, on a tort. On a, au contraire, raison de réduire l'amplitude des bonds si on a des motifs sérieux de le faire. C'est ainsi que l'on peut réduire à 100 mètres cette amplitude après une salve ayant causé un désordre *bien apparent* chez l'ennemi, ou encore après une salve encadrante (¹). Le Règlement (titre IV, n° 181) permet aussi de procéder par bonds de 200 mètres, au lieu de 400, lorsque la hausse essayée provient des indications d'un tir antérieur ou d'une mesure télé-

_______

(1) Une salve est encadrante si elle comprend deux coups courts et deux coups longs. Si elle est fusante, elle correspond à une hausse très légèrement longue.

Une salve est mixte si elle contient un coup du sens contraire à celui des trois autres.

métrique. Peut-être même la précision du télémètre modèle 1912 permettra-t-elle de s'en tenir, dans ce dernier cas, au bond de 100 mètres.

Quelle que soit l'amplitude du bond, l'observation du sens d'un seul des quatre coups d'une salve détermine le sens de cette dernière, tant qu'il s'agit de n'obtenir qu'un encadrement et non une fourchette.

### Recherche d'une fourchette.

La grandeur de la fourchette à obtenir résulte du genre de tir d'efficacité que l'on se propose d'exécuter.

Une fourchette se distingue d'un encadrement en ce que ses limites doivent être assurées par l'observation certaine du sens d'au moins deux coups, dans la même salve ou dans deux salves de réglage différentes. Si, par exemple, la salve tirée sur la limite courte de la fourchette comprend un coup percutant court et trois fusants hauts, cette limite ne doit être considérée comme obtenue que si, cette salve ayant été répétée, le premier résultat est confirmé.

Dans tous les cas, si l'on a le moindre doute sur un ou plusieurs des éléments du tir d'efficacité, il faut, avant de procéder à ce dernier, tirer une salve de contrôle, conformément au Règlement (Titre IV, n° 183). Cette salve doit être tirée en coups fusants bas ou en coups percutants suivant la nature du tir d'efficacité qui doit suivre et sur la hausse de départ de ce tir. Elle est imposée par le Règlement toutes les fois qu'il ne s'agit pas de tirer sur des troupes rapprochées ou, encore, lorsque la dernière salve de réglage n'a pas été tirée sur la limite courte de la fourchette. Cette précaution est destinée à parer à un rapprochement éventuel du but depuis le début du réglage du tir. Au contraire, un but qui s'éloigne n'est pas menaçant.

## Résumé du chapitre III.

L'ouverture du feu se fait aux commandements suivants :

1° Dans le cas où la préparation du tir est faite directement sur le but, avec utilisation d'un point de pointage.

« Point de pointage — tel objet ;

« 1$^{re}$ pièce — P. tant, T. tant ;

« Échelonnez de tant,

puis, les pièces étant prêtes :

« Abattez » (ou sans abattre),

et une fois l'abatage exécuté :

« Angle de site ± tant — Correcteur tant. »

(Une pause)

« Par la droite (gauche) par batterie » (suivant le vent) (Commandement préparatoire).

« Telle distance » (Commandement d'exécution).

2° En partant de la position de surveillance :

« Augmentez (ou diminuez) de tant »,

« Augmentez (ou diminuez) l'échelonnement de tant »,

puis, les pièces étant prêtes :

« Abattez » (ou sans abattre)

et, l'abatage une fois exécuté :

« Angle de site ± tant — Correcteur tant »,

etc., comme ci-dessus.

Il convient, pour que le personnel manœuvre correctement, de commander exactement dans l'ordre ci-dessus, avec l'intonation convenable.

Il faut se tenir prêt à observer à la jumelle ou à la lunette, mais se garder de porter la jumelle aux yeux ou de regarder à la lunette avant de savoir si les coups seront dans le champ de ces instruments.

Pour apprécier les écarts en direction, il est indispensable d'avoir mesuré une base-repère dans le voisinage du but.

Pour commander une modification d'orientation et une variation d'échelonnement, rapprocher convenablement les deux commandements correspondants.

Il faut toujours annoncer « douteux » tous les coups dont les éclatements ne sont pas au ras du sol.

Le correcteur d'efficacité s'obtient en augmentant de 2 le correcteur de réglage.

Dans les bonds en portée, procéder par bonds de 400 mètres et ne réduire cette amplitude que pour des motifs bien établis (mesure télémétrique, salve encadrante, etc.). Ne tenir pour exacte une limite de fourchette que si au moins deux coups ont été sûrement observés dans le tir avec la hausse correspondante.

Ne pas oublier la salve de contrôle si la dernière salve n'a pas été tirée sur la limite courte de la fourchette ou si l'observation est difficile. Ne pas oublier qu'un mécanisme de tir d'efficacité très approprié à la nature d'un but ne conduit pas à un bon résultat s'il est lancé dans une fourchette erronée, alors qu'un mécanisme de tir d'efficacité, choisi moins judicieusement, produit toujours des effets appréciables s'il est déclanché dans une fourchette exacte.

# LES MÉCANISMES DU TIR D'EFFICACITÉ

## § I. — LES MÉCANISMES DE TIR FUSANT D'EFFICACITÉ

Ces mécanismes comprennent :

Le tir sur hausse unique, basé sur la connaissance de la fourchette de 5o mètres ;

Le tir par salves ou par rafales échelonnées, applicable à une fourchette quelconque ;

Le tir progressif qui exige la connaissance d'une fourchette de 4oo mètres.

Le choix du mécanisme du tir d'efficacité peut être basé sur la considération des éléments ci-après :

*Temps disponible* pour le tir de réglage ;

*Dépense de munitions* à consentir ;

*Profondeur efficace* de la gerbe des obus à balles.

Le temps disponible pour le réglage dépend de la situation tactique et la dépense de munitions à consentir en résulte. Les fourchettes larges s'obtiennent, en effet, plus vite que les fourchettes étroites, mais elles exigent plus d'obus pour l'arrosage du terrain qu'elles limitent.

La profondeur efficace de la gerbe des obus à balles dépend de la distance de tir. Aux distances moyennes, la profondeur est telle qu'un échelonnement de 1oo mètres en terrain horizontal est largement admissible d'une rafale à la suivante. L'examen du cas concret ci-après permet de s'en rendre compte.

Soit (fig. 74) 2 900 la hausse de départ d'un tir de 4 rafales échelonnées de 100 mètres, la hausse finale étant de 3 200 mètres.

Les balles des obus de la première rafale se répartissent, d'après le tableau II (voir à la fin de ce

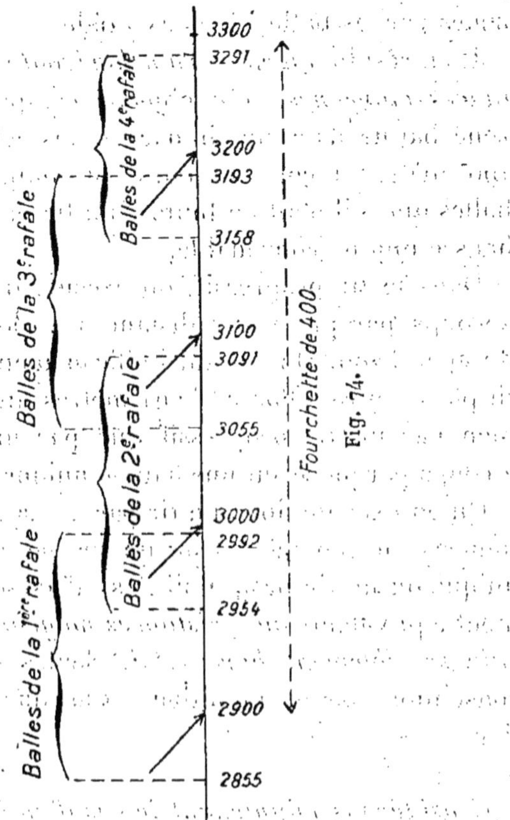


volume), entre les distances 2 855 mètres et 2 992 mètres [1].

La première rafale donne donc des balles efficaces de 2 855 mètres jusqu'à très peu moins de 3 000 mètres.

De même la deuxième rafale, tirée à 3 000 mètres,

_______

[1] On a, d'après le tableau II, A O = 45 mètres. Or 2 900 — 45 = 2 855 mètres. Comme AP = 137 mètres, les dernières balles tombent à 2 992 mètres.

envoie des balles efficaces de 2 954 à 3 091 mètres ;
la troisième, tirée à 3 100 mètres, de 3 055 à 3 193
mètres ; et enfin, la quatrième, tirée à 3 200 mètres,
de 3 158 à 3 291 mètres.

On voit que tout le terrain est battu efficacement
par les balles d'une rafale au moins, et certaines
zones par les balles de deux rafales.

Il en résulte *qu'en terrain horizontal et aux distances moyennes*, tout objectif compris dans une
zone battue dans un tir par rafales échelonnées de
100 mètres reçoit toujours au moins autant de
balles que s'il était en butte à un tir par un sur une
hausse unique convenable.

Dans le tir progressif, on exécute des rafales de
2 coups par pièce aux distances 2 900 — 3 000 —
3 100 et 3 200. On bat ainsi efficacement tout objectif placé entre 2 855 et 3 291 mètres au moins aussi
bien par un tir progressif que par une rafale de
2 coups par pièce sur une hausse unique convenable.

Qu'on exécute donc un tir par 2 par rafales échelonnées de 100 mètres ou un tir par 2 sur hausse
unique ou un tir progressif, les effets sont sensiblement équivalents *aux distances moyennes et en terrain sensiblement horizontal*. Seules diffèrent les
consommations en munitions et les durées d'exécution.

*Considérons maintenant le cas d'un but situé sur
un terrain incliné, par exemple, en arrière d'une
crête.* — Ce cas se subdivise en deux autres, suivant
que l'inclinaison du terrain est inférieure ou supérieure à l'angle de chute de la trajectoire du projectile, prolongée jusqu'au sol.

Pour la facilité du raisonnement, nous ferons la
remarque préalable suivante.

Lorsqu'on coupe une gerbe de balles par un plan
perpendiculaire à son axe, les balles reçues par ce
plan s'y trouvent d'autant plus espacées que la sec-

tion est plus éloignée du sommet, c'est-à-dire du point d'éclatement.

Si donc cette section est trop voisine du sommet de la gerbe, les balles y sont trop serrées, elles sont mal utilisées, l'efficacité est faible. Si cette section est faite trop loin du sommet de la gerbe, les balles sont au contraire trop espacées. Il existe donc une distance plus favorable que les autres pour une bonne efficacité, et l'expérience a montré que c'est celle qui correspond à la hauteur-type.

Cela posé, considérons le terrain ST (fig. 75) incliné de l'angle $i$ sur le plan horizontal SH, $i$ étant

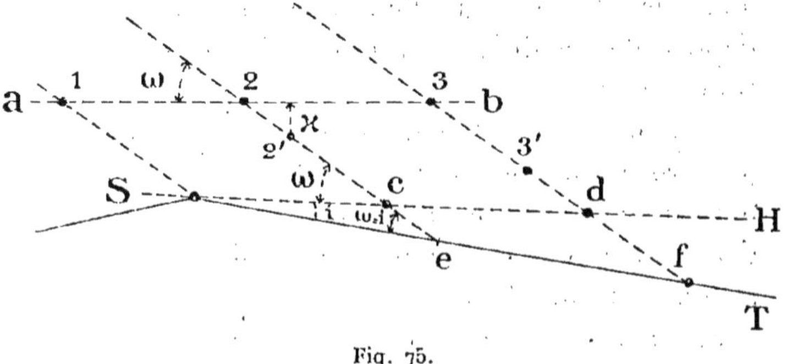

Fig. 75.

inférieur à l'angle de chute ω correspondant à la distance de tir considérée.

Si le but était sur le plan SH, en maintenant les éclatements correspondants aux trajectoires 1, 2, 3, etc., sur la ligne $ab$ définie par la hauteur-type de 31 000, ou, ce qui revient au même, par les longueurs 1—$s$, 2—$c$, 3—$d$, etc., on obtiendrait en $s$, $c$, $d$, etc., l'efficacité la meilleure. Pour obtenir le même résultat en $e$, $f$, etc., sur le plan ST, il faut évidemment que les éclatements se produisent en 2′, en 3′, etc., tels que 2—$c$ = 2′—$e$, 3—$d$ = 3′—$f$, etc.

Il faut donc abaisser systématiquement sur les trajectoires 1, 2, 3, etc., les points d'éclatement 2, 3, etc., des quantités 22′, 33′, etc.

Or, on a sur la figure 75 :

$$22' + 2'c = 2'e = 2'c + ce. \text{ On a donc } 22' = ce.$$

De même $33' = df$, etc.

Si les rafales 1, 2, 3, etc., sont échelonnées de 100 mètres, on a :

$$Sc = cd = \text{etc.} = 100.$$

Par suite :

$$ce = \frac{1}{2}\, df, \text{ etc.}, \quad \text{ou} : \quad 22' = \frac{1}{2}\, 33', \text{ etc.}$$

*Conclusion :* on doit, à chaque bond de hausse, abaisser le correcteur d'une quantité constante, qui dépend des inclinaisons relatives du terrain et de la trajectoire :

Pour un terrain d'inclinaison donnée, plus la trajectoire est tendue, plus la distance $ce$ est grande, plus il faut abaisser le correcteur d'une rafale à l'autre. De même pour une tension donnée de la trajectoire, il faut d'autant plus abaisser le correcteur d'une rafale à l'autre que le terrain est plus incliné.

On peut calculer l'abaissement du correcteur à adopter par bond de 100 mètres d'après les valeurs de $i$ et $\omega$ [1] et en déduire quelques règles simples évitant tout calcul sur le terrain dont on connaît

---



[1] On a sur la figure 75 :

$$\frac{ce}{\sin i} = \frac{sc \text{ ou } 100}{\sin(\omega - i)}$$

D'où :

$$ce = 100\, \frac{\sin i}{\sin(\omega - i)} = 22'.$$

L'abaissement $x$ (en mètres) défini sur la figure 74 a donc pour expression :

$$x = 100\, \frac{\sin i \sin \omega}{\sin i\,(\omega - i)} = 100\, \frac{\operatorname{tg} i \operatorname{tg} \omega}{\operatorname{tg} \omega - \operatorname{tg} i},$$

ou, en millièmes, à la distance de tir D (mèt.) :

$$\frac{100}{D}\, \frac{\operatorname{tg} i \operatorname{tg} \omega}{\operatorname{tg} \omega - \operatorname{tg} i}.$$

d'ailleurs assez mal l'inclinaison $i$ dans le voisinage du but([1]).

Le Règlement considère à titre d'exemples les inclinaisons de 60 et de 90 millièmes. Pour rester dans l'hypothèse $\omega > i$, il faut alors envisager le tir (Voir le tableau IV à la fin de ce volume) soit au delà de 2 000 mètres pour $i = 60$ millièmes, soit au delà de 2 500 mètres pour $i = 90$ millièmes.

Avec $tg\,i = 0,060$ et $tg\,\omega = 0,118$ (distance de tir : 3 000 mètres), la formule du renvoi([1]) de cette page montre que, d'une rafale à l'autre, le correcteur doit être abaissé de quatre divisions si l'échelonnement des rafales est de 100 mètres.

Si l'échelonnement des rafales est moitié moindre, c'est-à-dire de 50 mètres, l'abaissement du correcteur doit être de 2 au lieu de 4 (Voir titre IV, n° 171, § h).

On trouve de même, pour l'échelonnement de 100 et D $= 3$ 000, que le correcteur doit être abaissé de 12 divisions si $tg\,i = 0,090$. Si l'échelonnement est de 25 mètres, c'est-à-dire réduit au quart, l'abaissement doit donc être de 3 divisions (Titre IV, n° 171, § h).

Les inclinaisons relatives de la trajectoire et du terrain influent aussi sur l'échelonnement à adopter

---

(1) La carte, si on en dispose, ne peut donner elle-même que des indications à ce sujet.

On préconise bien aussi, parfois, des règles basées sur le temps que met à émerger la fumée des coups tirés plus ou moins en arrière de la crête, mais ces règles sont forcément un peu aléatoires.

Et puis, il faut se donner la peine de les retenir.

Quoi qu'il en soit, voici, à titre d'exemple, un de ces procédés :

Ayant la fourchette de 100 mètres sur la crête, par exemple 2 900 court, 3 000 long, on tire quelques coups percutants avec 3 100 : si on voit la poussière des points de chute, la pente est faible et ne dépasse pas 30 millièmes. Si on voit de la fumée claire après un retard appréciable, la pente peut dépasser 50 à 60 millièmes sans atteindre 90 à 100 millièmes. Si l'on ne voit rien, la pente est très forte : elle peut dépasser 90 à 100 millièmes.

pour les rafales successives, si l'on veut que le terrain soit battu sans lacune par des balles effi-caces. Cet échelonnement pourrait également se calculer, mais, comme on l'a fait précédemment pour l'abaissement du correcteur, il faut savoir se contenter à ce sujet de quelques indications simples déduites de la théorie. C'est ainsi que le Règlement (Titre IV, n° 171, § h) fait connaître que l'échelonnement des hausses successives doit être de 50 mètres pour la pente de 60 millièmes et de 25 mètres pour la pente de 90 millièmes [1].

Dans le second cas à envisager, d'une pente de

-----

[1] Considérons par exemple le cas du tir à 3 000 mètres sur une pente de 0,060. On a sur la figure 75 :

$$\frac{S\,e}{\sin \omega} = \frac{S\,c}{\sin (\omega - i)}. \qquad \text{D'où} \qquad S\,e = S\,c\,\frac{\sin \omega}{\sin (\omega - i)}.$$

Si l'on fait des bonds de 50 mètres, $S\,c = 50$. D'autre part, à 3 000 mètres on a $\omega = 6°43'$. On a donc, pour $i = 3°30'$ (pente de 60 millièmes) :

$$S\,e = 50 \times 2 = 100 \text{ mètres.}$$

Les pieds des trajectoires successives seront ainsi distants de 100 mètres comptés suivant la pente du terrain.

Quant à la profondeur du terrain où il arrive des balles efficaces, on peut la considérer comme sensiblement égale à

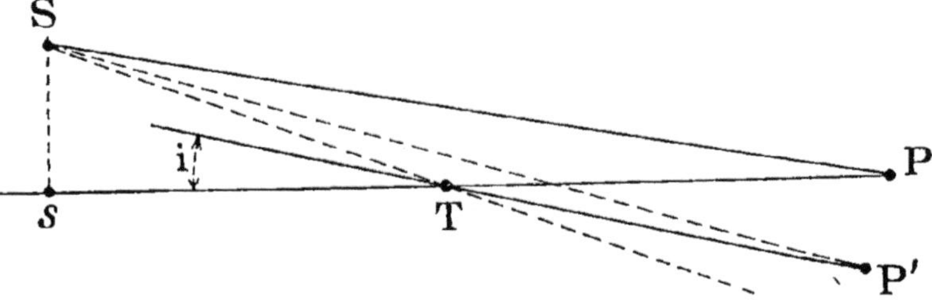


Fig. 76.

celle que l'on a dans le tir sur terrain horizontal. Ainsi, dans le tir sur terrain horizontal à 3 000 mètres on a (fig. 76) la trajectoire connue ST par rapport à laquelle la limite des balles efficaces de la gerbe est SP telle que TP = 911 mètres (Tableau II de la fin de ce fascicule). On a également SP = 168 mètres. La limite des balles efficaces en terrain incliné de l'angle $i$ est P' tel que SP' = SP. Pour $i = 60$ millièmes on trouve TP' = 90 mètres.

terrain supérieure à l'angle de chute, la trajectoire qui passe par le sommet de la crête s'éloigne, au delà de celle-ci, de plus en plus du sol et il en est de même des trajectoires successives. Le mieux serait donc de ne tirer que sur la hausse qui passe juste en arrière de la crête et de se borner à battre le terrain en abaissant le correcteur. Mais, au combat, on ignore si le terrain est plus incliné que la trajectoire, car on ne connaît alors l'inclinaison ni de l'un ni de l'autre. On exécute donc, même dans ce cas, des bonds en distance en abaissant le correcteur, ce qui vaut mieux que de ne pas l'abaisser, comme on le ferait, par exemple, dans un tir progressif.

*Conséquences des considérations précédentes.*

En terrain horizontal, *le tir par 2 sur hausse unique, le tir par 2 par rafales échelonnées de 100 mètres et le tir progressif sont sensiblement équivalents au point de vue des effets matériels sur le but.*

*Si l'on connait la fourchette de 5o mètres, il est évident que le tir par 2 sur hausse unique est à la fois le plus rapide et le plus économique.*

*Si l'on connaît la fourchette de 100 mètres et même celle de 200 mètres, il est clair que le tir par rafales échelonnées est aussi rapide que le tir pro-gressif et qu'il est plus économique.*

*Dans le cas où l'on a seulement la fourchette de 4oo mètres, le tir progressif est plus rapide et il n'est guère plus dispendieux que le tir par 2 sur hausse unique. Ce dernier tir, en effet, exige, après l'obtention de la fourchette de 4oo mètres, 3 salves au moins pour déterminer la fourchette de 5o mètres, et, enfin, 2 rafales sur la hausse unique : total, 5 salves ou rafales au lieu des 8 qui constitueraient un tir progressif.*

*L'examen des circonstances permet de décider si*

*la rapidité du résultat doit primer ou non l'économie désirable des munitions.*

*En terrain incliné le tir par rafales échelonnées s'impose (Titre IV, n° 189, 1<sup>er</sup> renvoi). Il permet, en effet, d'abaisser le correcteur et de limiter l'échelonnement des hausses à la demande des inclinaisons relatives du terrain et de la trajectoire. Plus le tir est tendu et plus la pente est raide, plus il faut réduire les bonds et abaisser le correcteur. Pour cette réduction et cet abaissement, on peut s'inspirer des règles du titre IV, n° 171, § h, qui correspondent au tir à 3 000 mètres.*

*Il est cependant un cas où le tir progressif est admissible, même sur sol incliné : c'est celui où l'on a pu régler la hauteur d'éclatement par rapport à un but visible (cas d'un glacis descendant vers la batterie). Il est évident qu'alors le correcteur obtenu conviendra à toutes les hausses et notamment à celle du but. Dans ce cas, on pourra donc employer le tir progressif si on a des raisons pour le faire (Titre IV, n° 189, dernier alinéa).*

*Enfin, il résulte de l'équivalence du tir progressif, du tir par 2 sur hausse unique et du tir par rafales échelonnées de 2 coups par canon, que l'on peut avoir une idée de l'efficacité à attendre de ces divers mécanismes de tir en considérant les résultats obtenus dans de nombreux tirs progressifs (Titre IV, n° 196, renvoi (1).*

*Cas où le fauchage est nécessaire.*

*Front battu par un obus à balles de 75 éclatant à la hauteur-type de 3/1000.* — Soient (fig. 77) E le point d'éclatement sur la trajectoire ÉT et AA' la section droite de la gerbe par un plan mené par T, perpendiculairement à ET.

La hauteur-type *théorique* est telle que la gerbe correspondante donne une balle par mètre carré de la section AA'. Le calcul montre que la hauteur ainsi définie, mesurée en millièmes de l'emplacement de la batterie, varie légèrement avec la distance de tir, sans s'écarter beaucoup de $\dfrac{3}{1\,000}$. En adoptant cette valeur moyenne comme hauteur type pratique, la section AA' ne reçoit pas tout à fait une balle par mètre carré, sauf aux très grandes dis-

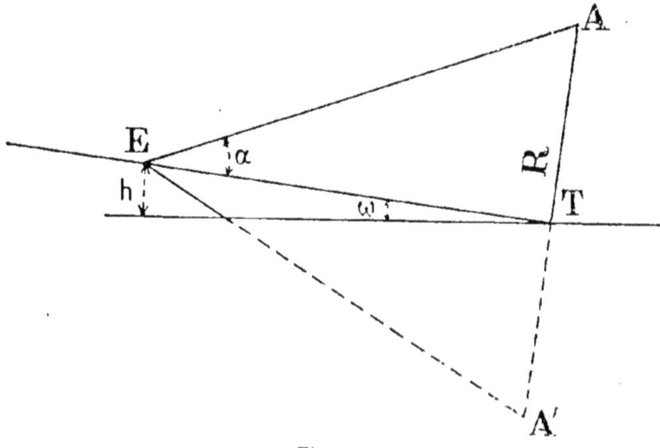


Fig. 77.

tances, où elle en reçoit très légèrement plus. Le diamètre de AA' varie en effet de 30 à 21 mètres quand la distance de tir varie de 1 500 à 5 500 mètres (1),

___

(1) On a, sur la figure 77 :

$$R = ET\ \text{tg}\ \alpha,$$
$$h = ET\ \text{tg}\ \omega.$$

D'où :

$$R = h\ \frac{\text{tg}\ \alpha}{\text{tg}\ \omega}.$$

Les tables de tir donnent alors le tableau ci-dessous :

| DISTANCES | 1500 | 2000 | 2500 | 3000 | 3500 | 4000 | 4500 | 5000 | 5500 |
|---|---|---|---|---|---|---|---|---|---|
| tg α | 0,146 | 0,157 | 0,167 | 0,176 | 0,184 | 0,191 | 0,198 | 0,205 | 0,211 |
| tg ω | 0,043 | 0,064 | 0,088 | 0,118 | 0,150 | 0,188 | 0,231 | 0,277 | 0,331 |
| h | 4,5 | 6,0 | 7,5 | 9,0 | 10,5 | 12,0 | 13,5 | 15,0 | 16,5 |
| R | 15,25 | 14,70 | 14,17 | 13,41 | 12,81 | 12,12 | 11,57 | 11,10 | 10,50 |
| 2 R | 30,50 | 29,40 | 28,34 | 26,82 | 25,62 | 24,24 | 23,14 | 22,20 | 21,00 |

alors que, pour recevoir une balle par mètre carré, la section AA′ devrait avoir un peu moins de 20 mètres de diamètre environ (¹).

On peut cependant admettre, d'une façon assez approchée, que la gerbe bat 25 mètres de front à raison d'une balle par mètre carré. Dans ces conditions, une batterie de quatre canons peut battre, sans fauchage, un front de 100 mètres.

Si le front à battre dépasse ce nombre, on fauche.

Le fauchage consiste, pour chaque canon, à tirer sur une même hausse des coups successifs en partant de la direction initiale et en séparant ces coups par trois ou six tours de volant de pointage en direction, donnés dans le même sens.

Si l'on procède par six tours, on dit que l'on fauche double. D'autre part, si N est le nombre de coups à tirer par canon sur la même hausse, en fauchant simple ou double, on dit que l'on fauche simple ou double par N.

Chaque tour de volant de pointage en direction déplaçant le canon en direction d'un peu moins de 2 millièmes, trois tours de volant déplacent le point d'éclatement de 5 millièmes et 6 tours de 10 millièmes.

Les figures ci-après (78 à 91) établies avec les données du renvoi (1) de la page 112, montrent les résultats des deux modes de fauchage, aux diverses distances de tir.

*Choix du mode de fauchage.* — La surface vulnérable d'un homme debout étant d'un demi-mètre

---

(1) Soit R le rayon du cercle qui reçoit une balle par mètre carré. Sa surface, qui est égale à $\pi R^2$ mètres carrés, reçoit $\pi R^2$ balles. Or, l'obus de 75 contenant 290 balles, on a $\pi R^2 = 290$.

D'où :
$$R = 9^m 60 \text{ et } 2\,R = 19^m 20.$$

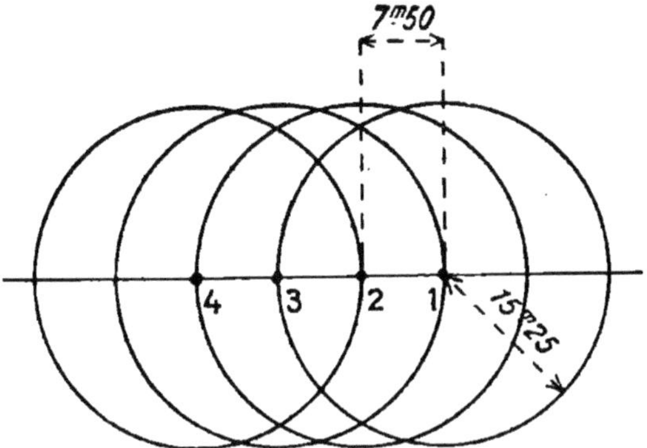



Fig. 78. — Fauchage simple par 4 à 1 500 mètres.

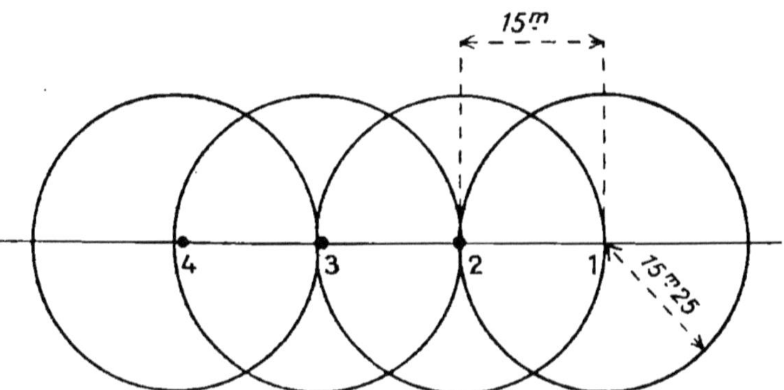



Fig. 79. — Fauchage double par 4 à 1 500 mètres.

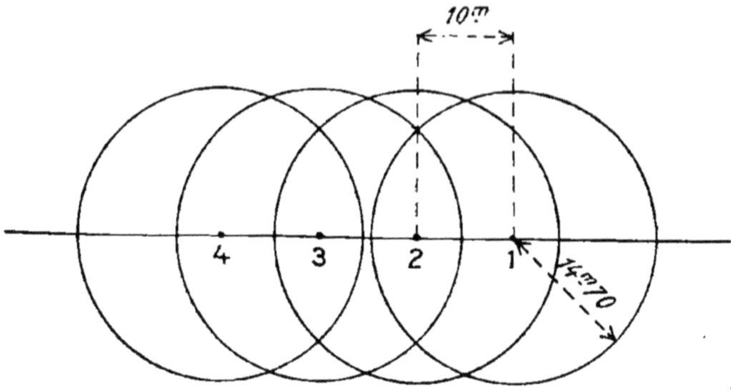



Fig. 80. — Fauchage simple par 4 à 2 000 mètres.

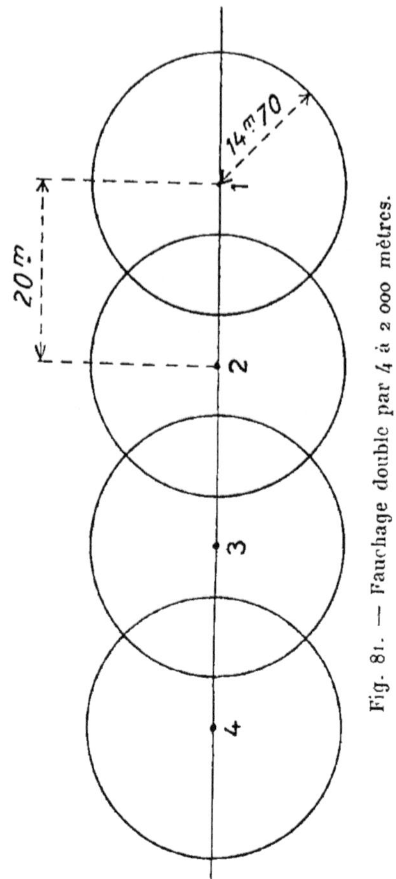

Fig. 81. — Fauchage double par 4 à 2 000 mètres.

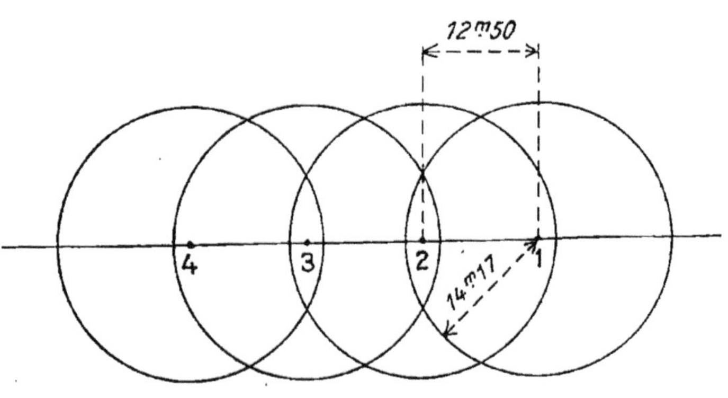

Fig. 82. — Fauchage simple par 4 à 2 500 mètres.

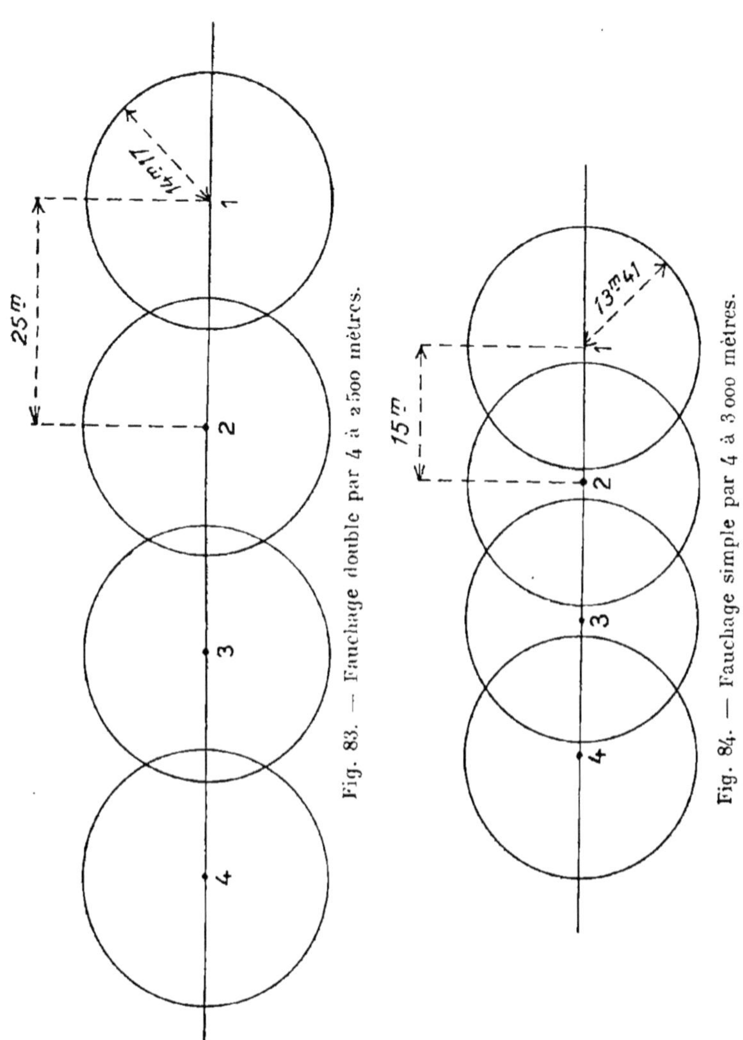


Fig. 83. — Fauchage double par 4 à 2.500 mètres.

Fig. 84. — Fauchage simple par 4 à 3.000 mètres.

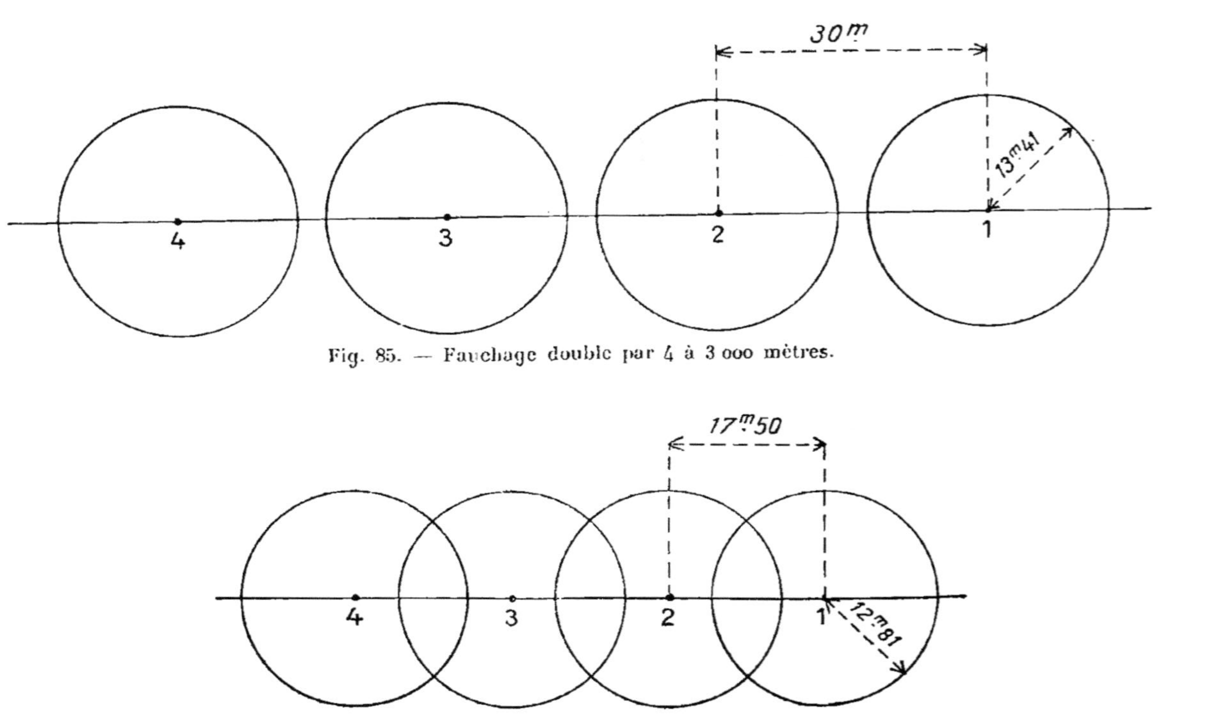


Fig. 85. — Fauchage double par 4 à 3 000 mètres.

Fig. 86. — Fauchage simple par 4 à 3 500 mètres.

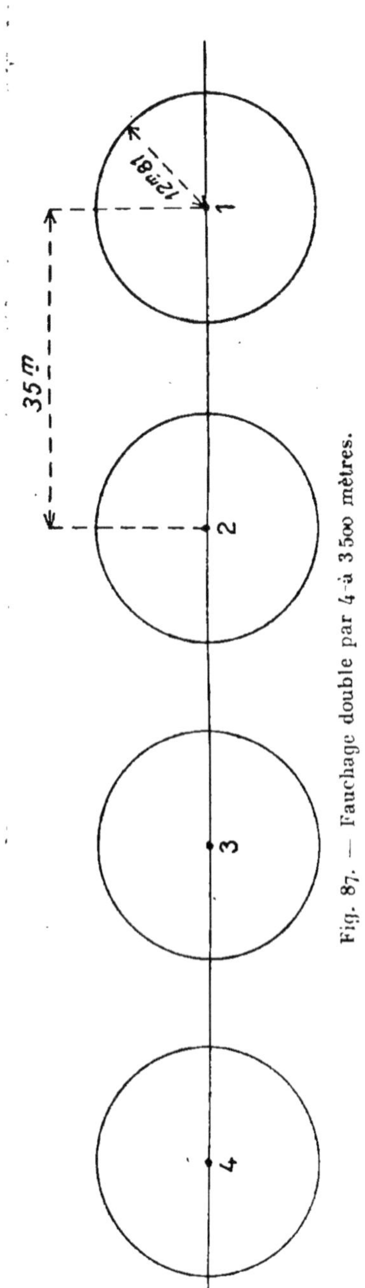


Fig. 87. — Fauchage double par 4 à 3 500 mètres.

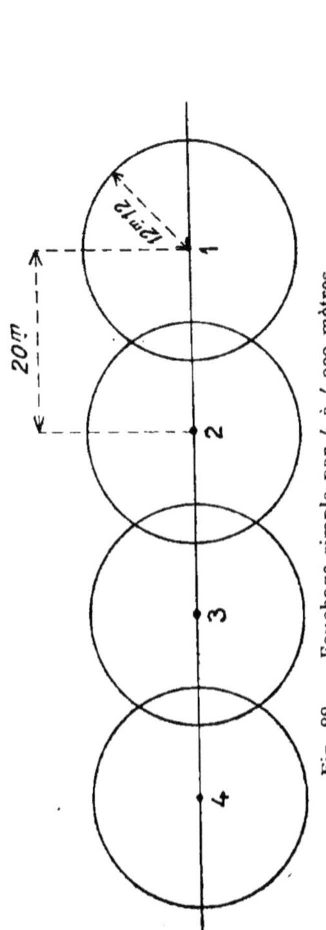


Fig. 88. — Fauchage simple par 4 à 4 000 mètres.

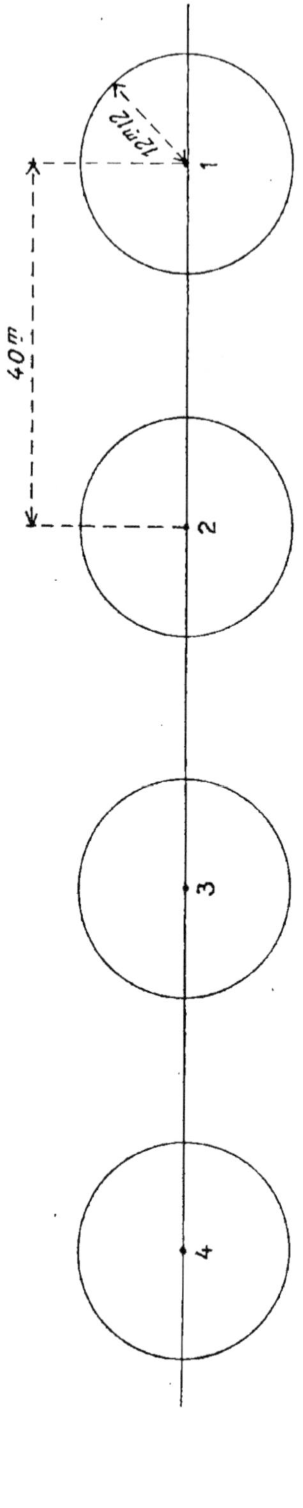

Fig. 89. — Fauchage double par 4 à 4 000 mètres.

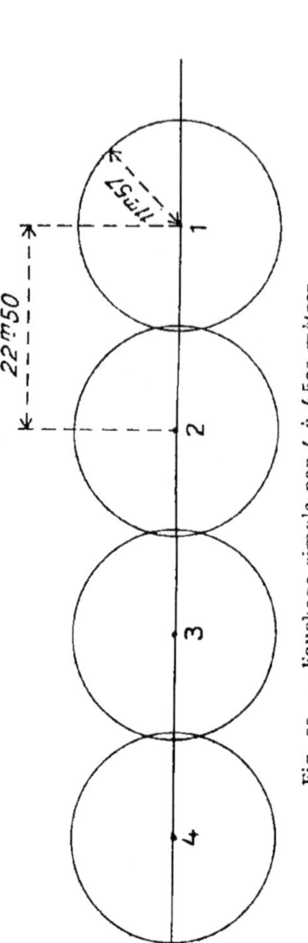

Fig. 90. — Fauchage simple par 4 à 4 500 mètres.

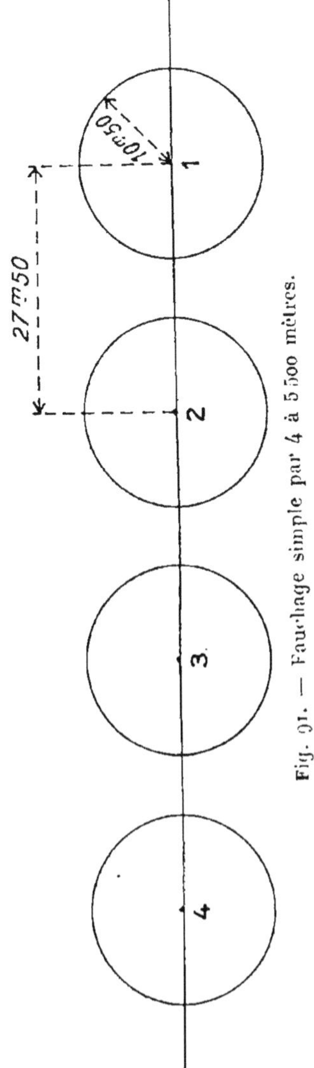


Fig. 91. — Fauchage simple par 4 à 5.500 mètres.

carré, un front n'est battu à raison d'une balle par homme que s'il reçoit les balles de deux obus éclatant à hauteur type de 3/1 000. Une densité plus grande des balles est inutile et une densité plus faible n'assure pas une efficacité complète dans un temps très court. A la guerre, il n'est d'ailleurs pas toujours nécessaire de réaliser cette efficacité complète pour obtenir le résultat voulu. Parfois même il convient de se contenter de beaucoup moins pour éviter une consommation de munitions disproportionnée avec le but à atteindre. Dans tous les cas, il faut éviter, dans les rafales tirées sur une hausse déterminée, de superposer les balles de plus de deux obus sur le même front. Il ne serait donc pas judicieux de faucher simple dans le tir aux distances inférieures à 2 000 mètres et même dans le tir à cette distance (fig. 78 et 80). A 1 500 mètres (fig. 79), le fauchage double donne une efficacité complète et, à 2 000 mètres, on peut encore l'adopter de préférence au fauchage simple (fig. 81). Au delà de 2 000 mètres, le fauchage double donne de moins en moins l'efficacité complète, mais à 2 500, il ne laisse pas encore de lacune (fig. 83). Ce n'est qu'à 3 000 mètres que les lacunes commencent à être appréciables (fig. 85), pour devenir plus grandes à 3 500 (fig. 87) et inadmissibles à 4 000 mètres (fig. 89).

Le fauchage double est par suite indiqué au-dessous de 2 000 mètres pour obtenir l'efficacité complète. Si l'on se contente d'une efficacité moins grande, et même si l'on tolère quelques lacunes, on peut l'employer encore entre 2 000 et 3 500 mètres.

Le fauchage simple donne l'efficacité complète à 2 500 mètres (fig. 82) et même à 3 000 mètres (fig. 84). Au delà, il est utilisable avec une efficacité un peu moindre, tout en ne laissant de lacunes ni à 3 500 mètres (fig. 86), ni à 4 000 mètres (fig. 88), ni même à 4 500 mètres (fig. 90).

Les lacunes commencent cependant à être notables à 5 500 mètres (fig. 91).

En résumé, on peut, dans le fauchage, s'inspirer des considérations suivantes :

*Pour obtenir l'efficacité complète dans un temps très court, faucher double au-dessous de 2 000 mètres et simple au delà, jusqu'à 3 000 mètres.*

*Si l'on peut se contenter d'une efficacité moins grande, on peut, soit faucher double entre 2 000 'et 3 000 mètres, soit faucher simple au delà de 3 000 mètres, jusqu'à 5 500 mètres. Au delà de 5 500 mètres, le fauchage simple lui-même laisse de fortes lacunes.*

*Nombre de projectiles par lequel il faut faucher.*

Supposons le front divisé en quatre tranches. Si la première tranche est juste de 10 millièmes, en fauchant simple par 2, on tire un coup sur la droite du but et un coup à 5 millièmes à gauche du premier ; si on en tirait encore un troisième à 5 millièmes à gauche du second, il serait superposé au premier coup de fauchage de la deuxième pièce.

D'une façon plus générale, on obtient le nombre de coups par lequel il faut faucher simple en divisant par 5 le quart du front en millièmes.

Si, d'ailleurs, chaque tranche ne comprend pas un multiple exact de 5 millièmes, on l'arrondit par excès ; le dernier coup du fauchage de la première pièce empiète alors un peu sur le premier coup de la deuxième pièce et ainsi de suite.

On trouverait de même que le nombre de coups par lequel il faut faucher double s'obtient en divisant par 10 le quart du front à battre, mesuré en millièmes.

Pour terminer la question du fauchage, nous ferons remarquer que les divers mécanismes de tir d'efficacité (tir sur hausse unique, tir par salves ou par rafales échelonnées et tir progressif précédemment envisagés peuvent s'exécuter, au besoin, avec fauchage simple ou double, d'après les principes exposés plus haut.

*Feu commandé par les chefs de pièce.*

Dans certains cas, le tir, une fois réglé, peut comporter un feu lent et discontinu, destiné à tenir l'en-

nemi en haleine ou à soutenir le moral des amis.
L'envoi des coups est alors une besogne secondaire,
et le capitaine a tout avantage à s'en décharger
pour pouvoir mieux surveiller le développement de
l'action. A cet effet, il confie l'exécution matérielle
du feu aux chefs de pièce ou à certains d'entre eux,
en leur fixant, en même temps, le front qu'ils ont à
battre et la vitesse de tir à observer.

*Exemple :* Une batterie a tiré sur une lisière de
bois, de 300 mètres de front, à la distance de
3.000 mètres, la partie gauche du but étant en
retrait de 100 mètres par rapport à la partie droite;
si le capitaine veut envoyer deux coups par minute
sur l'ensemble du front en se réservant d'y faire
intervenir les deux autres pièces ou de les employer
ailleurs, il peut commander :

1$^{re}$ pièce : entre zéro et 50 millièmes à gauche,
2.900-3.000, 1 coup par minute;

2$^e$ pièce : entre 25 à gauche et 75 à gauche 3.000-
3.100, 1 coup par minute.

Le feu, commandé par les chefs de pièce, fait aussi
partie des mécanismes du tir fusant d'efficacité.

## § 2 — MÉCANISMES DU TIR D'EFFICACITÉ

### A OBUS PERCUTANTS

Le tir percutant doit, en général, être exécuté de
préférence à obus explosifs. A défaut de ces derniers,
les obus à balles produisent encore de bons effets
contre les obstacles et contre le matériel (1).

Contre les obstacles, quel que soit le genre des

---

(1) En cas de surprise, ou dans le tir par dessus des troupes
d'assaut parvenues à proximité du but, le Règlement prescrit
le tir percutant à obus à balles (Titre IV, n° 191, 4$^e$ renvoi).
Dans ces circonstances, le mécanisme du tir d'efficacité consiste
dans un tir sur hausse unique, ou dans un tir par rafales échelonnées de 50 ou 25 mètres, suivant les formes du terrain et en
fauchant au besoin.

projectiles employés percutants, le mécanisme du tir consiste, ayant la fourchette de 5o mètres, à tirer par rafales de un sur la hausse moyenne de cette fourchette. Après toute rafale comprenant une majorité de coups longs, on conserve la même hausse pour tirer la rafale suivante, sinon on l'augmente de 25 mètres. Cependant, après une rafale exclusivement composée de coups longs, on diminue la hausse de 25 mètres.

Une batterie bat, en tir percutant, 25 mètres de front ; si le but est plus large, elle le bat par tranches successives de cette largeur.

Contre le matériel, on observe les mêmes règles, mais chaque pièce tire comme si elle était isolée, avec la hausse qui lui est propre. Les canons ne sont pas, en effet, assez comparables entre eux pour pouvoir employer la même hausse, étant donnée la précision de portée à obtenir dans le cas envisagé. Chaque pièce, ayant vérifié les limites de sa fourchette de 5o mètres, tire 4 coups sur la hausse moyenne de cette dernière. Sur ces coups, il doit y avoir 1 coup court et 3 coups longs, ou 2 courts et 2 longs, sinon le chef de pièce modifie de 25 mètres la hausse précédente avant de tirer une nouvelle série de 4 coups, et ainsi de suite (¹).

Tir percutant à obus explosifs<br>contre le personnel abrité.

Contre le personnel abrité, le tir percutant s'exécute exclusivement en obus explosifs et d'après un mécanisme de tir d'efficacité différent de celui qui a été indiqué précédemment contre les obstacles ou contre le matériel.

---

(1) Pour démolir un des deux arrière-trains d'une pièce vue, il faut dépenser en moyenne 15 coups si le but est à 2 500 mètres, et 25 coups s'il est à 3 5oo.

On distingue deux cas, suivant que le but est vu ou non.

*Si l'objectif est vu*, on réduit la fourchette à 50 mètres et on la bat en profondeur par des rafales de 1 coup par pièce tirées successivement sur les hausses extrêmes et moyenne de la fourchette. L'emploi de ces trois hausses s'explique assez naturellement : dans le cas envisagé ici, il importe, en effet, de tirer la hausse courte aussi bien que les hausses moyenne et longue, car, en raison du ricochet, les coups courts peuvent être au moins aussi efficaces que les coups au but ou les coups longs.

Dans le cas où, au contraire, il s'agit d'un obstacle à renverser et où, par suite, la trajectoire de l'obus doit passer par le but, il est tout indiqué de tirer avec une hausse susceptible de donner une majorité de coups légèrement longs.

Dans le tir percutant à obus explosifs, on procède, d'ailleurs, comme par coup de râteau. Un coup de râteau comprend les rafales de 1 coup par pièce exécutées successivement, dans la même direction, sur les différentes hausses à employer. En juxtaposant des coups de rateau, obtenus en modifiant chaque fois, de 2 ou 3 millièmes, la dérive des pièces, jusqu'à ce que tout le front soit battu, on obtient une efficacité considérable, on pourrait dire décisive.

Il est cependant bien entendu que si le personnel est abrité derrière du matériel vu, on ne bat pas tout le front mais seulement les parties occupées par ce matériel afin de se ménager en même temps la possibilité de le démolir par les coups heureux.

*Si l'objectif est caché derrière une crête* (1), on détermine une fourchette de 100 mètres sur la crête,

---

(1) Le Règlement n'envisage pas le tir percutant contre des objectifs cachés derrière des masques, tels que des rideaux d'arbres ou de constructions. Cela tient à ce que, dans ces cas, le tir fusant à obus explosif est plus indiqué.

puis, partant de la hausse longue de cette fourchette augmentée de 100 mètres, on ratisse le terrain, en revenant vers la crête, par rafales de 1 coup par pièce, échelonnées de 25 mètres, jusqu'à ce qu'on observe des coups courts. Ayant donné ainsi un premier coup de râteau, on en donne un second après avoir modifié les dérives, par exemple de 2 ou 3 millièmes, et on continue jusqu'à ce que tout le front à battre ait été ratissé. On arrive ainsi, en général, à une consommation voisine de 150 projectiles par front de 100 mètres, battu sur la profondeur définie plus haut, consommation qui donne une efficacité expérimentale très appréciable, si le tir passe réellement sur l'objectif (¹).

Mais, pour que l'on puisse compter sur ce résultat, il faut que le terrain ne soit pas trop incliné par rapport à la trajectoire. Soient, en effet (fig. 92), B le but à battre sur une pente $p$, S son angle de site, AC, A'C' deux trajectoires voisines obtenues avec l'angle de site S et deux hausses différant seulement de 25 mètres. A la différence de portée AA' $=$ 25 mètres sur le plan de site, correspond, sur la pente $p$, un écartement CC' des points de chute qui peut

----

(1) Dans le mécanisme de tir envisagé, on peut être conduit à donner chaque coup de râteau sur 9 hausses échelonnées de 25 mètres, soit 9 coups par pièce, ou 36 par batterie, ou 36 par coup de râteau.

Pour battre, à 3000 mètres, un front de 100 mètres, vu sous 33 millièmes, soit 8 millièmes environ par canon, on est conduit à donner 4 coups de râteau, chacun d'eux différent du précédent par une modification de 2 millièmes apportée aux dérives des pièces. On consomme ainsi 144 cartouches, chiffre très voisin de 150 qui procure, d'après le Règlement, une efficacité moyenne de 50 %.

Naturellement, aux distances inférieures à 3000 mètres, un front de 100 mètres étant vu sous un nombre de millièmes supérieur au précédent, on est conduit à un nombre de coups de râteau supérieur à 4, à moins de modifier les dérives de 3 millièmes au lieu de 2, pour passer d'un coup de râteau au suivant. Ce qu'il faut retenir, c'est que si l'on donne plus de 4 coups de râteau par 100 mètres de front, on consomme plus de munitions mais on obtient plus d'efficacité.

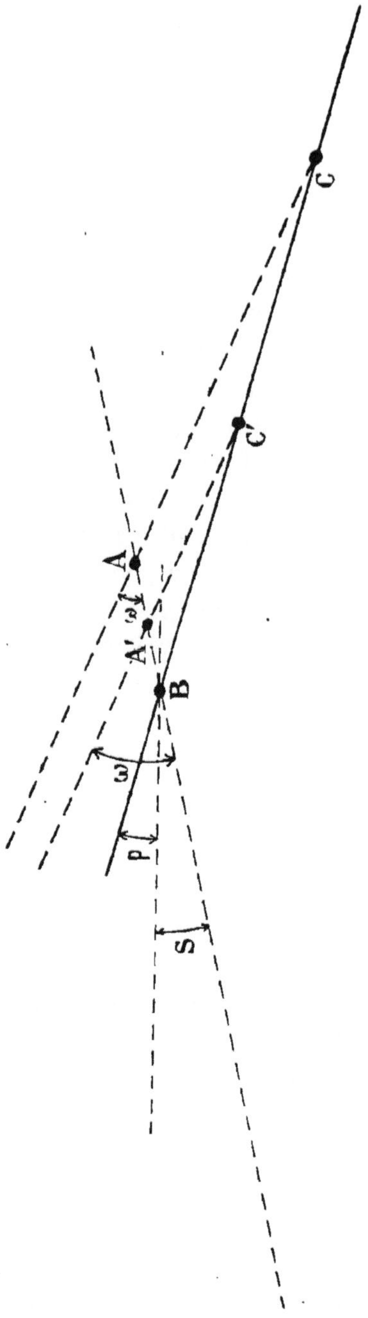

Fig. 92.

dépasser la zone d'action efficace de l'obus explosif. Lorsqu'il en est ainsi, les lacunes dans l'efficacité du tir sont d'autant plus grandes, pour une pente déterminée, que la trajectoire est plus tendue, ou encore que, pour une trajectoire définie, la pente est plus considérable (1). C'est, précisément, pour diminuer ou éviter ces lacunes dans le tir très tendu aux petites distances de l'obus explosif de 75, que l'on a adopté les plaquettes. Celles-ci, en augmentant la résistance de l'air éprouvée par le projectile qui en est muni, font croître l'angle de chute, à distances de tir égales. On peut ainsi battre, en tir percutant à obus explosifs, les pentes ordinaires que l'on rencontre en campagne, en utilisant, au-dessous de 2 500 mètres, les plaquettes P (initiale du mot près), et, entre 2 500 et 3 500 mètres, les plaquettes L (initiale du mot loin). Dans le tir au delà de 3 500 mètres, les plaquettes ne sont plus nécessaires, l'angle de chute sans plaquette étant alors relativement grand.

Pour choisir la plaquette à employer, il est donc

______________

(1) La grandeur de l'espace CC' est facile à calculer. On a, sur la figure 92 :

$$\frac{CC'}{AA'} = \frac{BC'}{BA'} = \frac{\omega}{\omega - p - S}.$$

l'angle S étant pris avec son signe. D'où :

$$CC' = 25\,\frac{\omega}{\omega - p - S}.$$

Cette formule se prête à toute discussion. On peut, par exemple, chercher la limite de valeur de la pente sur laquelle CC' ne dépasserait pas un multiple $n$ de 25 mètres. Il faut que l'on ait, si $S = 0$ :

$$\frac{\omega}{\omega - p} < n,$$

d'où :

$$[p < \frac{n - 1}{n}\,\omega.$$

Par exemple, pour $n = 3$, il faut :

$$p < \frac{2}{3}\,\omega.$$

nécessaire de savoir si la distance du but, ou de la
crête qui le cache, est comprise ou non entre 2.500
et 3.500 mètres. Faute de renseignements à cet égard,
on procède à un tir préliminaire en obus à balles
fusants, en essayant, avec l'angle de site présumé de
la crête et le correcteur 18, les hausses 2.500 et
3.500. Si les coups sont trop hauts pour être obser-
vables, on conserve le correcteur 18 et on agit sur
le volant de pointage en hauteur dont la périphérie
est graduée en millièmes (1).

Le Règlement autorise à n'employer qu'une seule
pièce à ce tir d'essai, mais, si l'on use de cette faculté
il est prudent d'observer deux coups sur chacune
des deux hausses essayées, de façon à se ménager
une vérification. Après avoir fait choix de la plaquette, il est impossible, en effet, de se préoccuper
à nouveau de cette question, les hausses du tir avec
plaquettes étant très différentes des distances géométriques. Elles leur sont supérieures de 400 ou de
800 mètres environ (plaquettes L ou plaquettes P).



---

(1) Un éclatement qui se produit à la hauteur de 1 millième
(correcteur 18, si les conditions atmosphériques sont celles des
tables) est toujours sensiblement à la distance indiquée par la
hausse. On démontre, en effet, que si, sans changer le correcteur 18 ni la distance donnée à la hausse et au débouchoir, on
modifie l'angle de site de diverses quantités, tous les points
d'éclatement ainsi obtenus sont sur une même verticale, éloignée
du canon de la distance inscrite sur la hausse employée. La
démonstration de ce résultat est facile par le raisonnement suivant :

Si la pesanteur n'existait pas, les projectiles tirés à la même
vitesse, mais sous des angles différents, dans le même plan vertical
de tir, arriveraient tous à la même distance au bout du même
temps $t$. Ils seraient donc sur un cercle ayant pour centre la
bouche à feu. Mais la pesanteur existe. Elle a pour effet de
faire tomber les projectiles, pendant le temps $t$, d'une hauteur
égale à $\frac{1}{2} gt^2$. Les projectiles arrivent donc encore au bout du
temps $t$ sur un cercle dont le centre est à $\frac{1}{2} gt^2$ au-dessous de la
bouche à feu. Or, dans le tir à 2 500 mètres, on peut confondre
ce cercle, sur une assez grande hauteur, avec la verticale distante
de 2 500 mètres de la pièce (aux variations balistiques journa-
lières près).

## Résumé du chapitre IV.

Les mécanismes du tir d'efficacité *à obus fusants* comprennent :

Le *tir sur hausse unique* (fourchette nécessaire : 50 mètres),

Le *tir par rafales échelonnées* (fourchette nécessaire : quelconque),

Le *tir progressif* (fourchette nécessaire : 400 mètres).

En terrain horizontal ou sur but visible, ces tirs sont à peu près équivalents en efficacité, mais ils diffèrent par la consommation en munitions et par le temps nécessaire à l'obtention des fourchettes qu'ils exigent.

Les uns et les autres comportent le fauchage si le front à battre dépasse 100 mètres.

On fauche double dans le tir à 2.000 mètres et au-dessous, simple au-dessus de 2 000 mètres.

On peut encore faucher double entre 2 000 et 3 000 mètres lorsqu'on veut battre rapidement et sans dépense énorme de munitions un front très grand.

Le nombre de projectiles par lequel il faut faucher s'obtient en divisant par 5 (fauchage simple) ou par 10 (fauchage double) le quart du front du but évalué en millièmes.

En terrain incliné ou sur but invisible, le tir par rafales échelonnées s'impose. Les bonds doivent alors être d'autant plus faibles qu'on suppose que la pente au voisinage du but est plus forte et que la distance de tir est moins grande. A chaque bond correspond un abaissement du correcteur destiné à maintenir les éclatements à une hauteur à peu près constante au-dessus du sol, malgré la pente qu'il présente. A chaque bond de 50 mètres correspond en moyenne un abaissement de deux divisions du correcteur et, à chaque bond de 25 mètres, un abaissement de trois divisions.

Enfin, si le tir d'efficacité doit être lent et discontinu, le capitaine peut se décharger sur les chefs de pièce de la préoccupation du commandement du feu, de façon à mieux se consacrer à l'accomplissement de sa mission. Il leur indique le front et la profondeur qu'ils ont à battre, ainsi que la vitesse du tir.

Les mécanismes du tir d'efficacité *à obus percutants* diffèrent suivant la nature du but et l'espèce d'obus utilisée.

Contre les obstacles ou le matériel on emploie de préférence l'obus explosif, mais les mécanismes sont les mêmes pour les deux projectiles.

Contre les obstacles, on tire sur la hausse moyenne de la fourchette de 50 mètres et on la modifie de 25 mètres, après les séries successives de quatre coups, toutes les fois qu'une série ne comprend pas une majorité de coups longs. On fait de même sur le matériel, mais chaque pièce tire comme si elle était seule sur la partie du but qui lui est attribuée.

Contre le personnel non abrité, on n'emploie le tir percutant qu'en cas de surprise, faute de temps pour régler le correcteur, ou dans les derniers moments d'un assaut, par-dessus l'infanterie amie. Dans ces cas, on emploie l'obus à balles et on tire par rafales échelonnées de 25 ou de 50 mètres suivant le terrain. On fauche au besoin.

Contre le personnel abrité, seul l'obus explosif est efficace. Seul il est utilisé dans ce cas.

Si le but est vu, on arrose par bonds de 25 mètres toute l'étendue de la fourchette de 50 mètres. A cet effet, on tire des rafales sur les hausses courte, moyenne et longue de cette fourchette. Si le but est invisible, on donne des coups de râteau séparés

par 2 ou 3 millièmes et comprenant des rafales échelonnées de 25 mètres à partir d'une hausse sûrement
longue. On prend généralement pour cette dernière
la hausse longue de la fourchette de 100 mètres sur
la crête qui cache le but, augmentée elle-même de
100 mètres.

Au-dessous de 2500, on emploie la plaquette P
et, entre 2500 et 3500, la plaquette L.

On détermine, au préalable, si on l'ignore, la position de la crête par rapport aux distances 2500 et
3500. A cet effet, on procède au tir fusant de quelques coups à obus à balles, exécuté à volonté, avec
une ou deux pièces, le correcteur étant fixé à 18 et l'angle de site donné le plus exactement possible. Au
besoin on agit sur le volant de pointage en hauteur
pour amener les éclatements correspondants à correcteur. Dès qu'on a deux coups sûrement observés à
2500 et 3500, on peut passer au tir à obus explosifs avec la plaquette convenable, s'il y a lieu. Si la
hausse 2500 est longue, il est naturellement inutile
de tirer à 3500.

# CHAPITRE V

## CONDUITE DU FEU

La conduite du feu consiste à exécuter, *avec à-propos*, les tirs d'efficacité dont les mécanismes sont connus. Pour agir avec à-propos, le capitaine s'inspire du résultat à obtenir, de l'efficacité que tel mécanisme de tir peut procurer et du temps dont il dispose. Il doit être économe de ses munitions et, par suite, rechercher de préférence les fourchettes étroites, mais il ne doit pas hésiter à se passer de telles fourchettes s'il risque de les connaître trop tard. Il doit même parfois se contenter d'une efficacité restreinte s'il importe avant tout de soutenir rapidement le moral des troupes amies. Dans tous les cas, il ne doit jamais perdre de vue qu'*une limite erronée de fourchette peut entraîner l'inefficacité absolue du tir et qu'un tir fusant trop haut, même s'il est réglé en portée*, perd beaucoup de son efficacité.

Enfin le capitaine doit s'efforcer de saisir toutes les occasions pour détruire les objectifs qui se révèlent à lui dans des conditions exceptionnellement vulnérables, comme il en est d'une artillerie attelée, par exemple. C'est dans de telles circonstances qu'il peut utiliser au maximum les compléments à la préparation du tir qui ont été exposés dans un précédent chapitre.

On voit par là combien sont nombreux et variés les problèmes soulevés par la conduite du feu. C'est seulement par l'étude de nombreux cas concrets que l'on peut arriver à les résoudre *bien et vite*. Les exemples ci-après peuvent donner une idée de la façon de procéder à cette étude. Pour certains d'entre eux, il a paru bon de donner un ensemble en joignant le tir de réglage au tir d'efficacité.

### Premier exemple

#### TIR CONTRE UNE ARTILLERIE VISIBLE

Sur la figure 93, le quadrillage est tracé de 10 en 10 millièmes par les lignes verticales et de millième en millième par les lignes horizontales.

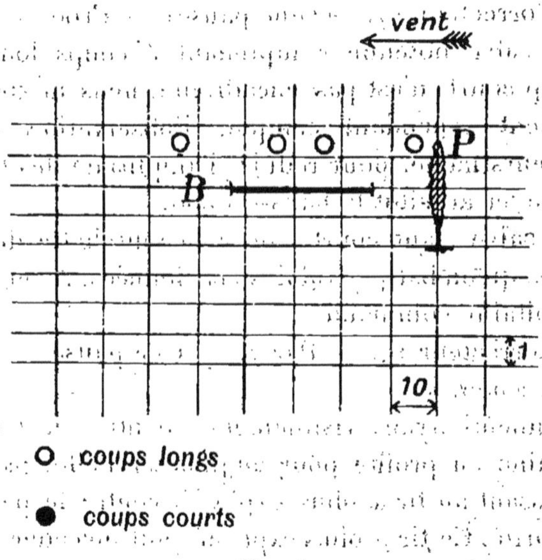

Fig. 93.

La batterie-objectif est visible en B; sa distance est évaluée à 2 500 mètres; son angle de site, donné par le sitomètre, est égal à + 5.

Le peuplier P, pris comme point de pointage, donne lieu à une correction de convergence égale à +5.

Le capitaine commande :

« Point de pointage : le peuplier. 1<sup>re</sup> pièce : P. o, T. 15.

« Échelonnez de 15.

« Abattez.

Et, l'abatage étant fait :

« Angle de site + 5, correcteur 18. »

Enfin, la batterie étant prête :

« Par la gauche par batterie, — (une pause) — 2 500. »

Les résultats de la première salve sont tels (fig. 93) qu'il convient de commander :

« Augmentez de 10. — Diminuez l'échelonnement de 5 »

et

« Correcteur 17, — (une pause) — 2 100. »

La salve obtenue comprenant 3 coups longs et 1 coup court, n'est pas encadrante, mais mixte. On en tient cependant compte, l'observation étant d'ailleurs facile, pour réduire l'amplitude des bonds et essayer aussitôt la hausse 1 900.

La salve étant courte, on a la fourchette de 200 mètres qu'on bat par rafales échelonnées. A cet effet, le capitaine commande :

« Correcteur 19. — Par 2. — (Une pause) : 1 900 ; puis : 2 000. »

L'ennemi ayant visiblement ralenti son feu, le capitaine en profite pour augmenter l'effet produit en passant au tir à obus explosifs contre le personnel abrité. Ce tir à obus explosifs doit succéder, *sans interruption*, au tir à obus à balles, *de façon à ne pas laisser à l'ennemi le temps de se ressaisir.*

Les commandements sont :

« A obus explosifs — Par 1, puis : 2 100. »

On part de la limite longue de la fourchette de 200 mètres obtenue avec l'obus à balles, de façon à ne pas risquer, en débutant par une rafale trop courte, de masquer le but par une fumée abondante.

souvent persistante, qui empêcherait d'observer les rafales suivantes (1).

La rafale 2 100 ayant été observée longue, le capitaine tire la rafale 2 000, qui est également longue, et enfin la rafale 1 900, qui est vue courte. La hausse 1 950 donnant une rafale courte, la fourchette de 50 mètres est obtenue entre 1 950 et 2 000 mètres.

Le tir d'efficacité s'exécute en conséquence sur les hausses 2 000 — 1 975 et 1 950 mètres.

Dans ce cas, on ne tire pas sur tout le front mais dans la direction des pièces vues, de façon à se ménager la chance de les démolir pendant le tir sur le personnel.

Le tir contre le personnel étant terminé et les conditions de distance et de visibilité étant favorables à la précision du tir, le capitaine décide de passer à une troisième phase d'activité, celle du tir à démolir. On a vu que, dans ce tir, chaque pièce doit opérer comme si elle était isolée.

Le feu de la 1re pièce peut être commandé par le capitaine, celui de la 3e par le lieutenant, et celui des 2e et 4e par les chefs de section. Considérons, par exemple, les opérations de la 2e pièce. Le capitaine ayant mis cette pièce dans la direction de son but particulier, en donne le commandement au chef de la 1re section : celui-ci vérifie la fourchette 1 950 — 2 000, puis tire 4 coups avec la hausse 1 975. Il évite de tirer trop vite afin de laisser au pointeur

______

(1) L'obus à balles est tiré avec une vitesse initiale notablement inférieure à celle de l'obus explosif qui est plus léger que lui, mais il conserve mieux sa vitesse. Il en résulte qu'aux courtes distances le canon a besoin d'être moins incliné pour atteindre un point déterminé avec l'obus explosif qu'avec l'obus à balles, et qu'aux grandes distances c'est le contraire qui a lieu. Avec les vitesses des tables, 529 mètres pour l'obus à balles de 7kg 250 et 584 mètres pour l'obus explosif de 5kg 315, l'angle de tir est le même pour la portée de 2 400 mètres environ. A l'inclinaison donnée par la hausse 2 100, la portée est plus grande avec l'obus explosif; la salve 2 100 sera donc sûrement longue.

le temps de bien rectifier le pointage après chaque coup. Les résultats de ces 4 coups étant, par exemple, 3 coups courts et 1 long, les 4 coups suivants sont tirés avec la hausse 2 000. Les nouveaux résultats étant 3 coups longs et 1 court, les 4 coups suivants sont tirés avec la même hausse et ainsi de suite.

*Deuxième exemple.*

## TIR CONTRE UNE ARTILLERIE DERRIÈRE UNE CRÊTE, MAIS VISIBLE PAR DES LUEURS, DE LA FUMÉE OU DE LA POUSSIÈRE

Une artillerie visible seulement par ses lueurs derrière une crête, sur un front de 30 millièmes, tire sur une lisière occupée par l'infanterie amie. On prescrit à une batterie en surveillance, avec un faisceau ouvert de 20, de contrebattre cette artillerie ennemie.

Le feu est ouvert avec l'ouverture 20, car il s'agit d'obtenir rapidement un effet sur le but dont le front n'est, d'ailleurs, pas encore bien précisé. (Règlement, titre IV, n° 211, alinéa 1° du 1ᵉʳ cas et début du 2ᵉ cas.)

Le capitaine commence par chercher la fourchette de 200 mètres sur la crête. Il trouve, par exemple, avec correcteur 18, que les limites de cette fourchette sont 2 800, 3 000.

Il exécute alors un tir par rafales échelonnées (1ʳᵉ phase) dans les conditions définies par les commandements suivants :

Correcteur 20. Par 2 . . . . . . . . . . 2 800
. . . . . . . . . . . . . . . . . . . . . . . . 2 900
Correcteur 18 . . . . . . . . . . . . . . 3 000
Correcteur 16 . . . . . . . . . . . . . . 3 050
Correcteur 14 . . . . . . . . . . . . . . 3 100
Correcteur 12 . . . . . . . . . . . . . . 3 150
Correcteur 10 . . . . . . . . . . . . . . 3 200

Puis, sans laisser à l'objectif le temps de se ressaisir, le capitaine passe au tir à obus explosifs
contre le personnel abrité (2$^e$ phase), en adaptant
son faisceau au front de l'objectif s'il s'est mieux
précisé.

La première opération à faire est de choisir la
plaquette. La distance étant ici certainement comprise entre 2 500 et 3 500, c'est la plaquette L qui
convient. Ce choix étant fait, le capitaine détermine
la fourchette de 100 mètres sur la crête, soit 3 500 —
3 600. Il donne alors 4 coups de râteau en procédant
par modifications de 2 millièmes, sur les hausses
3 700, 3 675, etc., jusqu'à 3 500, qui donne visible
ment des coups courts.

Chaque coup de râteau comportant 36 coups, 144
coups auront été tirés sur un front d'environ 100
mètres : c'est la consommation prévue par le Règlement pour avoir, en général, une très bonne efficacité.


*Troisième exemple.*

TIR SUR UNE RECONNAISSANCE OU UN ÉTAT-MAJOR

Une batterie, en surveillance avec un faisceau
ouvert de 20, aperçoit sur une crête un groupe de
cavaliers qui paraissent constituer une reconnaissance. Le centre du groupement est à 100 millièmes
à droite du repère.

Le capitaine commande aussitôt :

« Diminuez de 130. Sans abattre. Angle de site —
tant. Correcteur 18. » Puis :

« Par la droite par batterie, — une pause — 3 000. »

Cette salve étant courte, à bonne hauteur et à peu
près bien répartie, le capitaine commande immédiatement :

« Correcteur 20 — (une pause). — Tir progressif.
Fauchez — (une pause) — 3 000. »

Comme on le voit, le tir est exécuté sur un front large, dans des limites larges, avec le maximum de rapidité.

### *Quatrième exemple.*

## TIR SUR LA LISIÈRE D'UN BOIS OCCUPÉ
### PAR DE L'INFANTERIE

Une batterie reçoit l'ordre de battre la lisière d'un bois occupé par une infanterie ennemie qui tire sur l'infanterie amie assaillante. Cette lisière a la forme indiquée sur la figure 94 ; elle est située à une distance d'environ 2 kilomètres.

Le front total à battre est de 200 millièmes. Le feu

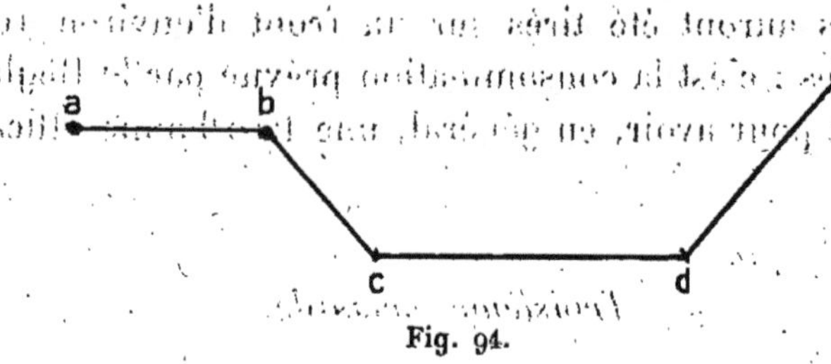


Fig. 94.

est ouvert avec un échelonnement de 50 millièmes. La première salve, tirée avec la hausse 2 000, ayant ses coups courts bien répartis et à bonne hauteur, le capitaine commande :

« Par 1, — (une pause) — 2 400 »

et obtient une rafale tout entière dans le bois. L'infanterie ennemie n'en continuant pas moins à tirer avec entrain, il est opportun de la paralyser rapidement. Le capitaine exécute donc un tir par rafales échelonnées, de 2 000 à 2 400 mètres. L'infanterie ennemie cessant alors momentanément de tirer, il resserre la fourchette. Il affecte une section au tir sur *cd* et chacune des pièces de l'autre section au tir sur *ab* et sur *de*. Supposons que la 3ᵉ pièce ait à tirer sur *ab* et la 4ᵉ sur *de*. Cette dernière fait un tir par rafales échelonnées sur les limites correspondant à *d* et à *e* qu'elle commence par rechercher.

Quant à la 3ᵉ pièce, il semble possible, sans relever, de la diriger sur une portion du front *ab*. Son chef cherche la fourchette de 50 mètres sur la lisière, par exemple 2100, 2150. Il dirige ensuite, en commandant par tours de volant, la pièce en *b* et exécute, sur le front *ab* de 40 millièmes, un tir d'efficacité en fauchant par 8, sur la hausse 2100.

*Cinquième exemple.*

### TIR CONTRE UNE INFANTERIE ENNEMIE QUI AVANCE

Avant de procéder à un exemple de tir proprement dit dans un cas concret, il est nécessaire de donner quelques indications sur la façon dont peut se présenter un objectif d'infanterie qui avance. On verra au chapitre VII qu'un tel objectif est formé, le plus souvent, de petites unités, disposées généralement en colonnes. Celles-ci sont séparées par des intervalles plus ou moins grands et ont leurs têtes échelonnées en profondeur pour rendre éventuellement le réglage du tir de l'artillerie plus difficile.

D'autre part, un objectif d'infanterie change de forme et de vulnérabilité d'un instant à l'autre. Les intervalles et les échelonnements entre les unités peuvent varier rapidement. Le moindre fossé, la plus petite haie, le mur le plus bas, peuvent masquer ou abriter momentanément tout ou partie des unités.

Pour traverser des espaces découverts, l'infanterie peut enfin marcher par petits essaims, d'abri en abri, constituant ainsi, lorsque ces essaims sont à effectifs très réduits, de la « poussière d'hommes ».

Soit donc un objectif d'infanterie, visible d'un observatoire de batterie et formé de huit petites colonnes occupant, à 3000 mètres, un front de 300 mètres. Les intervalles entre les colonnes varient entre 30 et 40 mètres et leurs têtes sont échelonnées en profondeur, parfois de près de 100 mètres.

Une batterie a pour mission d'arrêter ou de retarder cette infanterie.

Le front à battre est de 100 millièmes.

Le capitaine ouvre le feu avec un faisceau ouvert de 25 et cherche, par la méthode de l'encadrement, une fourchette, autant que possible de 400 mètres, la limite courte de cette fourchette laissant au delà d'elle toutes les fractions de l'objectif, même les plus avancées. Soit 2 600 mètres cette limite. Il exécute alors un tir en profondeur en partant de 2 600 et en fauchant par 5.

Il commande par exemple :

« Correcteur 20,

« Par 5, fauchez — (une pause) — 2 600,

« Puis 2 700. »

L'infanterie ennemie disparaît pour réapparaître plus près, mais cette fois en trois colonnes suivant sans doute des couloirs du terrain. Deux de ces trois colonnes étant très séparées de celle de gauche, le capitaine affecte à la 1re section, dont il fait régler le tir par le lieutenant, la colonne de gauche et il tire avec le reste de la batterie sur les deux colonnes de droite, assez rapprochées l'une de l'autre.

Il conduit le tir sur ces deux colonnes comme il l'a fait, au début, sur les huit colonnes. Le lieutenant règle le tir sur son objectif unique et exécute un tir en profondeur, sur fourchette large.

L'infanterie ayant de nouveau disparu, le capitaine reprend la batterie sous son commandement.

Il voit, un moment après, des groupes de deux ou trois hommes passer de temps à autre sur des points différents d'un espace découvert pour aller disparaître en arrière d'un bois. Il prescrit alors à une pièce d'exécuter un tir lent (un coup par trois minutes) sur des points variés du front découvert, que l'infanterie ennemie traverse par essaims, pour la forcer à payer tribut et retarder sa progression.

Pendant ce temps il règle ses trois autres pièces, le tir sur la lisière du bois, de façon à pouvoir en interdire, au besoin, le débouché. S'il juge, d'autre part, que le bois abrite des forces importantes, il le bat en obus explosifs.

### *Sixième exemple.*

#### TIR POUR APPUYER UNE ATTAQUE
#### DE L'INFANTERIE AMIE

Une batterie doit appuyer l'attaque, par un bataillon, d'une lisière de village comprenant des murs crénelés, des tranchées organisées, des abatis, etc.

L'infanterie amie a ses fractions les plus avancées à 1 500 mètres des lisières à enlever. La batterie en est à 2 200 mètres.

Les tirailleurs ennemis émergent de leurs tranchées pour s'opposer par le feu aux progrès de l'infanterie amie : il s'agit de les faire rentrer dans leurs abris et tout au moins de les aveugler par la fumée des éclatements. Le capitaine cherche une fourchette, autant que possible de 50 mètres sur les lisières, mais non pour exécuter sur elles des tirs d'efficacité ininterrompus ; les munitions seraient épuisées avant l'arrivée de l'infanterie amie sur la position et on en manquerait au moment critique.

Les tirs d'efficacité doivent simplement coïncider avec les bonds en avant des fractions d'infanterie, soit que l'artillerie les aperçoive, soit que, par le jeu de la liaison, elle en soit avertie, soit qu'enfin l'infanterie se règle elle-même sur les tirs intermittents de l'artillerie, pour se porter en avant.

Dans le cas envisagé, supposons que le capitaine ait trouvé sur les lisières, en obus à balles, la fourchette 2 200, 2 250 mètres. Voyant des fractions

d'infanterie amie se porter en avant, il tire une
rafale de 1 ou 2 coups par pièce sur la hausse 2 200
et se tient prêt à recommencer toutes les fois que la
même circonstance se renouvelle. S'il ne voit pas les
mouvements de son infanterie et s'il ne peut recevoir
les indications de cette dernière, il procède à des
tirs d'efficacité, à des intervalles de temps variables ;
il exécute, par exemple, une rafale, puis, cinq minutes après, une seconde, puis, trois minutes après, une
troisième, six minutes après une quatrième, etc. Il
règle aussi la fréquence de ses rafales sur la persis-
tance plus ou moins grande de la fumée produite
par les éclatements des projectiles.

La difficulté est de connaître les moments où il
faut passer au tir percutant et allonger ce dernier
de façon à ne pas risquer d'atteindre les troupes
amies. Pour bien soutenir l'infanterie assaillante, il
faudrait pouvoir tirer sur l'objectif jusqu'au moment
où cette infanterie n'en est plus qu'à 150 mètres.
L'artillerie de 75 pourrait bien le faire, à la rigueur,
en tir percutant, mais comment peut-elle savoir que
l'infanterie amie est arrivée à 150 mètres du front
attaqué ? Elle ne peut apprécier à la vue, même
avec des instruments perfectionnés, la largeur d'une
bande de terrain aussi peu profonde, à moins d'occuper des observatoires exceptionnellement favorables. D'autre part, le front attaqué présentant des
saillants et des rentrants, il est bien difficile à
l'infanterie amie elle-même de préciser à l'artillerie
le moment où elle doit allonger le tir. Le problème
est donc pratiquement très difficile et il importe de
s'y exercer très fréquemment sur le terrain si l'on
ne veut pas risquer de se trouver très embarrassé
sur le champ de bataille (1).

_______

(1) Voir, pour plus de détails sur cette question : « Le tir
du canon de campagne par-dessus les troupes amies », par
J. CHALLÉAT, chef d'escadron d'artillerie (Chapelot, éditeur, Paris).

## *Septième exemple.*

### TIR D'ARROSAGE D'UN GLACIS DESCENDANT
### VERS LA BATTERIE

Il s'agit de battre ce glacis en déplaçant les points d'éclatement parallèlement au terrain. A cet effet, le capitaine ayant déterminé, avec le correcteur de réglage, une fourchette par rapport à la base du glacis, procède à un tir d'efficacité par rafales échelonnées, en relevant le correcteur pour chacune d'elles. S'il a trouvé, par exemple, par rapport à la base du glacis : correcteur 18, 2 600 court, fusant, et 2 700 long, percutant, il conclut qu'il doit relever le correcteur d'au moins une division par bond de 100 mètres. Il commande alors, pour arroser le glacis :

« Correcteur 20. — Par un

« 2 600,

« Correcteur 21 — 2 700,

« Correcteur 22 — 2 800. »

Observant dans cette rafale un coup percutant, le capitaine estime qu'il faut relever le correcteur de 2 divisions par bond de 100 mètres. Il commande en conséquence :

« Correcteur 24 — 2 900,... etc. »

Il s'arrête lorsqu'il juge qu'il a battu le glacis sur une profondeur suffisante.

Il faut remarquer que le terrain est très bien battu, car à des bonds de hausse de 100 mètres ne correspondraient que des espacements beaucoup moindres des points de chute percutants sur le glacis, alors que les gerbes ont sensiblement la même profondeur efficace. Ces gerbes se recouvrent donc notablement.

Dans ce qui précède, nous avons supposé qu'il fallait agir très vite. Si le capitaine avait le temps de déterminer exactement les éléments du tir sur le haut et le bas du glacis, il pourrait arroser ce dernier plus sûrement. S'il avait trouvé, par exemple, sur le bas du glacis : correcteur 189 — 2 700 — 2 750 et, sur le haut, correcteur 26 — 3 000 — 3 050, il commanderait, pour arroser le glacis :

« Correcteur 20 — 2 600,

« Correcteur 22 — 2 700, etc.;

« Correcteur 28 — 3 000. »

### *Huitième exemple.*

### TIR DANS L'ANGLE MORT

Une batterie ayant pour objectif une infanterie ennemie qui avance, a pris l'angle de site zéro. La hausse minimum correspondante a été mesurée et trouvée égale à 2 000 mètres. L'infanterie arrive derrière une haie sur laquelle la hausse 2 000 donne des coups longs. Ces coups ne peuvent d'ailleurs être que très peu longs car, peu avant l'arrivée de l'infanterie à la haie, le tir, avec la hausse 2 000, était encore court par rapport à cette infanterie. Le capitaine commande alors successivement :

« Correcteur 20 — 2 000,

— 23 — 2 000,

— 26 — 2 000. »

En admettant qu'une variation de 3 millièmes du correcteur modifie la distance d'éclatement de 100 mètres, le capitaine cesse de tirer, si la rafale correcteur 26 — 2 000 est observée longue par rapport à la haie. On sait en effet que, dans le tir au delà de 1 300 mètres, le tir manque d'efficacité quand on relève trop le point d'éclatement sur la trajectoire, c'est-à-dire quand on diminue la distance d'éclatement de plus de 200 mètres.

Mais, l'infanterie ennemie, ayant continué sa progression, arrive à 1 300 mètres et le tir peut être repris efficacement. Le capitaine est alors conduit, pour diminuer de 700 mètres la distance d'éclatement sur la trajectoire limite, d'augmenter le correcteur 20 de 23 divisions (¹), ce qui est impossible. Il tourne alors la difficulté de la façon suivante : il remarque que le point d'éclatement peut être le même, soit avec angle de site zéro, correcteur 43 et distance 2 000, soit avec angle de site + 30, correcteur 13 et distance 1 100 (²). Le capitaine commande en conséquence :

> « Angle de site + 30. — Correcteur 13 — 1 100, correcteur 16 — 1 100, correcteur 19, etc. — etc. »

### *Neuvième exemple.*

#### TIR DANS L'ANGLE MORT A PARTIR DE 1 300 MÈTRES

La hausse minimum, pour l'angle de site + 10, étant 1 500, le but pénètre dans l'angle mort. Le correcteur d'efficacité du jour étant 22, le capitaine commande successivement :

> « Correcteur 22 — 1 500,
> « Correcteur 25 — 1 500,
> « Correcteur 28 — 1 500,
>      etc.
> « Correcteur 40 — 1 500. »

A ce moment, la distance d'éclatement est d'en-

A lire en seconde lecture.

---

(1) On admet qu'à une augmentation de 10 millièmes sur le correcteur correspond une diminution de 300 mètres de la distance d'éclatement.

(2) En effet, avec correcteur 13, 1 100, le plateau du débouchoir occupe la même position qu'avec correcteur 43 — 2 000. D'autre part, avec l'angle de site + 30 et la hausse 1 100, le canon prend la même inclinaison qu'avec l'angle de site zéro et la hausse 2 000. D'une façon plus générale, une augmentation de 10 millièmes sur l'angle de site permet d'obtenir le même point d'éclatement en diminuant le correcteur de 10 divisions et la hausse de 300 mètres.

viron 900 mètres. Le capitaine, arrivé ainsi à la limite du correcteur, commande :

« Angle de site + 20. »

Il augmente ainsi de 10 l'angle de site initial, ce qui lui permet, en diminuant de 300 mètres la distance à commander, de conserver la trajectoire limite du non-écrêtement et de diminuer de 10 le correcteur 40 pour obtenir la même distance d'éclatement qu'au coup précédent. Il peut ainsi commander :

« Correcteur 30. — 1 200,
« Correcteur 33 — 1 200,
« Correcteur 36 — 1 200,
« Correcteur 39 — 1 200. »

A ce moment, la distance d'éclatement est de 600 mètres. Il pourrait encore tirer en commandant de nouveau, comme précédemment :

« Angle de site + 30,
« Correcteur 29 — 900,
« Correcteur 32 — 900,
etc.
« Correcteur 38 — 900. »

A ce moment tout se passerait comme si on avait angle de site + 10, 1 500 et correcteur 58, ce qui correspond à une diminution de 1 100 mètres environ de la distance d'éclatement 1 500.

Dixième exemple.

### TIR SUR UN BUT DONT LES ÉLÉMENTS,
#### AU MÊME NIVEAU, SONT A DES DISTANCES DIFFÉRENTES

Une batterie règle le tir sur une haie : elle trouve ainsi, pour 2 400, 4 coups courts ; pour 2 800, 4 coups longs ; pour 2 600, 2 coups (à droite) courts, 2 coups (à gauche) longs. Cette salve répétée n'est pas encadrante : elle donne, en effet, encore 2 coups courts à droite et 2 longs à gauche. On en conclut que le front du but est oblique à la ligne de tir, la partie droite étant la plus éloignée. On a la fourchette de 400 mètres entre 2 800 et 2 400. On peut la battre en profondeur par rafales échelonnées. Mais on peut aussi vouloir resserrer la fourchette pour économiser les munitions. Il s'agit à cet effet de rendre par exemple les deux coups de droite longs comme ceux de gauche. Le capitaine commande en conséquence :

« Pour la 1re section — 2.700. »

Les deux coups étant longs, les deux sections ont les hausses qui leur conviennent pour avoir des coups longs.

La salve suivante est alors tirée, aux commandements :

« Pour toute la batterie — plus près 100 (1). »

Les coups étant courts, le capitaine commande :

« Plus loin 50. »

Les coups des 2e et 4e pièces sont longs, mais ceux des 1re et 3e sont courts.

Le capitaine commande :

« Pour les 1re et 3e pièces — plus loin 25. »

Ces coups étant longs, il est sûr alors qu'en commandant :

« Pour toute la batterie — plus près 50, »

tous les coups seront courts. Il a donc la fourchette de 50 mètres.

### Onzième exemple.

#### TIR DE NUIT SUR UN PROJECTEUR ENNEMI VISIBLE

Les quatre canons de la batterie sont pointés en direction sur le feu visible et le capitaine assure la direction de chaque pièce en tirant une première



---

(1) On commande « plus près 100 mètres » et non pas « diminuez de 100 », qui pourrait faire croire à la nécessité de modifier la dérive.

salve par pièce et en corrigeant la dérive d'après
chacun des écarts observés.

Ne pouvant d'ailleurs observer directement les
écarts en portée par rapport à un feu, le capitaine se
porte à une centaine de mètres sur le côté et il base
ses observations sur ce que tout coup court, dont la
direction est assurée, doit paraître à gauche du but
à un observateur placé à droite de la batterie, et
tout coup long à droite. Il règle dès lors le tir en
portée comme dans le jour, en observant les hauteurs
d'éclatement au moyen de la lunette de batterie dont
il fait éclairer le micromètre.

Douzième exemple.

TIR SUR UNE ARTILLERIE TRÈS DÉFILÉE

EN COOPÉRATION AVEC UN AÉROPLANE

Le capitaine étant avisé qu'il dispose d'un aéroplane pour régler son tir, place les signaux de
calicot sur le sol pour jalonner la direction dans
laquelle il va tirer, c'est-à-dire la direction présumée
du but. Cela fait, il se dispose à tirer deux rafales
percutantes avec les obus destinés au tir d'efficacité, ici avec obus explosifs. La hausse de la crête
ayant été trouvée, dans un réglage préalable, entre
3 500 et 3 600, les deux rafales en question, dites
rafales-repères, sont tirées sur les hausses 3 700
(hausse longue par rapport à la crête, augmentée de
100 mètres) et 4 000 (hausse de la première rafale-
repère augmentée de 300 mètres). La batterie est
supposée disposée en faisceau ouvert de 10 : le
front des rafales-repères étant ainsi supérieur à 100
mètres, l'échelonnement n'est pas à modifier.

Au moment voulu, et toujours avant que l'avion,
qui vole dans la direction du tir, ait dépassé la batterie, le capitaine lance les deux rafales-repères en
commençant par la plus longue et en les espaçant

de six secondes, les coups de chaque rafale étant simultanés. Pour assurer cette simultanéité, le capitaine peut prévenir le personnel de mettre le feu à un geste, par exemple au moment où il baissera le bras. Il y a là une éducation à faire.

L'aviateur a tracé à l'avance deux lignes représentant la position théorique des points de chute sur un quadrillage, dont 3 carreaux représentent, par hypothèse, en largeur le front battu, et 3 carreaux en profondeur l'espacement des rafales. Il en résulte qu'en profondeur un carreau correspond à une variation de hausse de 100 mètres et, en largeur, à l'ouverture du faisceau, ici 10 millièmes.

L'aviateur place alors l'objectif sur le quadrillage, d'après sa position relative par rapport aux rafales-repères. Si, par exemple, l'objectif déborde les rafales-repères d'un carreau à droite et d'un demi-carreau à gauche, le capitaine aura à commander :

> « Diminuez de 10, augmentez l'échelonne-
> ment de 5. »

Si, d'autre part, l'objectif est seulement à 1 carreau et demi au delà du trait représentant les points de chute de la rafale-repère courte, le capitaine saura que la hausse du but est comprise entre 3 800 et 3 900, c'est-à-dire, il aura la fourchette de 100 mètres qu'il pourra battre systématiquement en obus explosifs. En réalité, si la pente du terrain est notable au voisinage du but, les points de chute des obus tirés sur les hausses 3 700 et 4 000 sont espacés de plus de 300 mètres ; ils peuvent l'être de 600 mètres par exemple, dans quel cas, 1 carreau correspond non plus à 100 mais à 300 mètres. Cela ne change d'ailleurs rien au mécanisme de tir en profondeur, mais, pour une même consommation de projectiles, l'efficacité sera forcément moins grande que sur un terrain en pente faible.

D'ailleurs, les écarts sur les pentes étant amplifiés, les rafales-repères ne constituent pas, dans ce cas, des lignes droites, mais des lignes sinueuses dont il faut prendre la moyenne.

Ces exemples pourront avantageusement être multipliés par le lecteur qui s'efforcera, dans chaque cas, d'appliquer, comme précédemment, les prescriptions réglementaires.

Il pourra aussi considérer le cas du tir contre des rassemblements de troupes derrière des localités, contre une artillerie visible par ses lueurs et par une pièce, contre une tranchée dont les extrémités ne sont pas dans le même plan de site, contre une cavalerie se mouvant transversalement ou longitudinalement, contre une attaque rapprochée, contre un objectif aérien, etc.

### Résumé du chapitre V.

Pour agir à la fois avec à-propos et avec le minimum de dépense de munitions, le capitaine doit chercher les fourchettes les plus étroites possible, étant donné le temps dont il dispose suivant les circonstances.

Il doit, par-dessus tout, éviter les fourchettes erronées et connaître *imperturbablement* les méthodes à appliquer dans le tir contre les principaux objectifs du champ de bataille. Lorsque ces tirs présentent plusieurs phases, il doit les faire succéder sans interruption.

C'est ainsi que, dans le tir contre une artillerie visible, au tir à obus à balles il doit faire immédiatement succéder le tir à obus explosifs contre le personnel plus abrité par les boucliers et, à ce tir, le tir à démolir si les conditions sont favorables. Pour que ces tirs se succèdent sans interruption, comme il convient, il faut que le capitaine puisse

appliquer, brutalement et sans réfléchir, les mécanismes du tir d'efficacité appropriés.

La méthode du tir contre une artillerie visible, en
arrière d'une crête, seulement par les lueurs ou la
poussière de ses coups, doit être plus particulièrement familière à tous les officiers d'artillerie.

Il en est de même du tir sur la lisière d'un point
d'appui, bois ou lieux habités.

Les exemples détaillés dans ce chapitre pourront
servir de guide dans le tir sur les objectifs qui
viennent d'être énumérés et sur les objectifs suivants : infanterie ennemie qui s'avance, troupes
ennemies descendant ou remontant un glacis,
troupes ennemies pénétrant dans l'angle mort, états-
majors, reconnaissances, etc.

Les tirs avec coopération de l'aéroplane et les
tirs de nuit prendront, d'autre part, chaque jour plus
d'importance ; leur exécution doit donc être également très familière aux officiers et à la troupe.

# CHAPITRE VI

## LA DIRECTION DES FEUX

Nous avons étudié dans le chapitre précédent la *conduite du feu*, qui consiste à choisir le mécanisme du tir d'efficacité approprié aux circonstances. Cette tâche incombe aux capitaines, le chef d'escadron n'intervenant qu'exceptionnellement.

Au contraire, la *direction des feux*, que nous allons étudier dans ce chapitre, relève spécialement du chef d'escadron. Elle consiste dans la répartition des objectifs entre les batteries.

Nous prendrons le chef d'escadron à son arrivée dans le voisinage immédiat de la position. Il commence par la parcourir rapidement, tout en restant défilé aux vues. Le personnel qui l'accompagne doit, de son côté, éviter de se signaler aux vues de l'ennemi. Ce résultat sera atteint si ce personnel a été dressé à « filer » le chef d'escadron, et non à le suivre à une distance invariable, sans aucun souci des événements. Le commandant de groupe détermine à simple vue les emplacements approximatifs des batteries (¹) ainsi que les observatoires. Il appelle alors auprès de lui le lieutenant adjoint et les capitaines et il leur donne, *toujours dans le même ordre pour ne rien oublier,* les indications et ordres ci-après :

1. Situation.
2. Repères et mission.

----

(¹) Règlement, titre IV, n° 216.

3. Observatoires du commandant de groupe et des capitaines.

4. Emplacements approximatifs des batteries et des avant-trains.

5. Manière d'occuper la position.

6. Moyens de diriger les feux.

Enfin, avec l'aide des capitaines, il arrête les emplacements définitifs des batteries [1].

Le problème qu'il s'agit de résoudre ici a trait aux moyens de diriger les feux, c'est-à-dire aux moyens de désigner rapidement les objectifs aux batteries.

Le plus simple et le plus rapide de ces moyens est évidemment de s'en remettre aux capitaines pour prendre sous leur feu les objectifs qui leur reviennent en raison de leur mission. Si le terrain est compartimenté, on peut encore s'en remettre aux capitaines pour agir au mieux des circonstances, dans leurs compartiments respectifs. Ce sont les moyens de direction des feux prévus par le paragraphe 1º du nº 219 du titre IV du Règlement. Mais le chef d'escadron doit aussi se ménager le moyen d'intervenir en cas d'erreur ou d'imprévu, en procédant alors par désignation directe. Nous avons indiqué, dans le premier chapitre, le procédé de désignation directe au moyen d'un repère, si le chef d'escadron est auprès du capitaine auquel il s'adresse, et nous avons montré que, s'il en est éloigné, cette désignation nécessite la correction de station.

Si $\widehat{R}$ et $\widehat{O}$ sont les parallaxes du repère et de l'objectif, pour le front jalonné par le chef d'escadron et le capitaine, les angles mesurés par le chef d'escadron doivent être corrigés de la quantité $\widehat{R} - \widehat{O}$ avant d'être traduits sur le terrain.

Il faut ajouter $\widehat{R} - \widehat{O}$ si le chef d'escadron est à

___

[1] *Artillerie de campagne : La manœuvre appliquée*, par J. CHALLÉAT, chef d'escadron d'artillerie, page 144.

la droite (place protocolaire) et retrancher cette différence $\widehat{R} - \widehat{O}$, dans le cas contraire.

Comme pour le pointage collectif, il convient, par une étude préalable, de mettre en évidence quelques règles simples permettant d'éviter sur le terrain des calculs difficiles à effectuer et d'une exactitude toujours assez aléatoire.

*Dans cette étude, nous admettrons que les indications du chef d'escadron peuvent être pratiquement utilisées sans modification pour la première salve si la correction qu'il faudrait leur faire subir est inférieure ou au plus égale à 10 millièmes.*

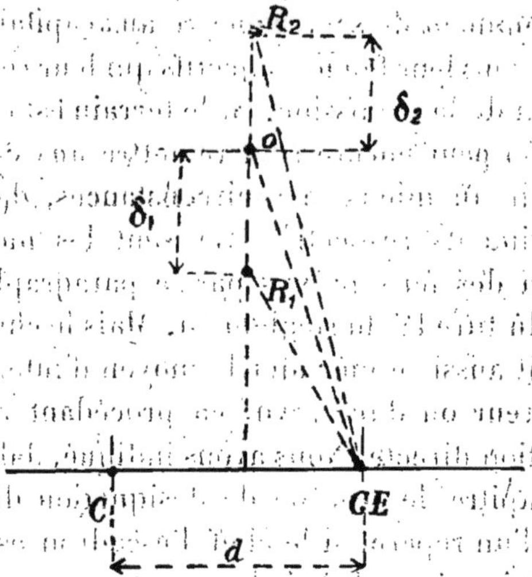

Fig. 95.

Soient (fig. 95) C et CE les postes du capitaine et du chef d'escadron. Soit $d$ la distance qui les sépare.

Nous allons chercher entre quelles limites doit être compris le point de repère R pour que, dans le tir sur un objectif déterminé O, la correction $\widehat{R} - \widehat{O}$ soit égale à 10 millièmes. Soit D la distance du point O en kilomètres, $d$ étant exprimé en mètres.

On a, sur la figure 95 :

$$\widehat{O} = \frac{d}{D},$$

$$\widehat{R_1} = \frac{d}{D - \delta_1},$$

$$\widehat{R_2} = \frac{d}{D + \delta_2}.$$

On doit donc choisir $\delta_1$ et $\delta_2$ de telle sorte que :

$$\widehat{R_1} - \widehat{O} = 10 = d \left( \frac{1}{D - \delta_1} - \frac{1}{D} \right),$$

$$\widehat{R_2} - \widehat{O} = 10 = d \left( \frac{1}{D + \delta_2} - \frac{1}{D} \right),$$

ou, en valeur absolue,

$$\widehat{R_2} - \widehat{O} = 10 = d \left( \frac{1}{D} - \frac{1}{D + \delta_2} \right).$$

D'où :

$$\delta_1 = \frac{10\, D^2}{d + 10\, D},$$

$$\delta_2 = \frac{10\, D^2}{d - 10\, D}.$$

$\delta_1$ et $\delta_2$ sont évaluées en kilomètres comme D.

*Exemple :* si $d = 100$ mètres et $D = 2$ kilomètres, on doit prendre un point de repère à une distance de O comprise entre :

$$\delta_1 = \frac{10 \times 4}{100 + 20} = 0^{km}330 \text{ environ}$$

et :

$$\delta_2 = \frac{10 \times 4}{100 - 20} = 0^{km}500 \text{ environ},$$

c'est-à-dire que le point de repère doit se trouver à une distance de la batterie comprise entre :

$$2\,000 - 330 = 1\,670^m \quad \text{et} \quad 2\,000 + 500^m = 2\,500^m.$$

On a pu, de cette façon, calculer le tableau suivant :

**Tableau faisant connaître pour divers intervalles $d$ et différentes distances d'objectif les limites de distance entre lesquelles le chef d'escadron peut choisir son repère R de façon que la correction $\widehat{R} - \widehat{0} = 10$ millièmes au plus.**

| INTERVALLES entre le chef d'escadron et les capitaines | DISTANCES DE L'OBJECTIF | | | |
|---|---|---|---|---|
| | 2000ᵐ | 2500ᵐ | 3000ᵐ | 3500ᵐ |
| | Repère entre | Repère entre | Repère entre | Repère entre |
| 50 | 1 430 et 3 330 | 1 660 et 5 000 | 1 870 et 7 500 | 2 050 et 11 060 |
| 100 | 1 670 et 2 500 | 2 000 et 3 330 | 2 310 et 4 280 | 2 590 et 5 380 |
| 150 | 1 770 et 2 300 | 2 150 et 3 000 | 2 500 et 3 750 | 2 340 et 4 560 |
| 200 | 1 820 et 2 220 | 2 230 et 2 850 | 2 610 et 3 520 | 2 980 et 4 240 |
| 250 | 1 860 et 2 170 | 2 280 et 2 770 | 2 680 et 3 400 | 3 080 et 4 060 |
| 300 | 1 880 et 2 140 | 2 310 et 2 720 | 2 730 et 3 330 | 3 140 et 3 960 |
| 350 | 1 900 et 2 120 | 2 340 et 2 690 | 2 770 et 3 280 | 3 190 et 3 880 |
| 400 | 1 910 et 2 100 | 2 360 et 2 660 | 2 800 et 3 240 | 3 220 et 3 830 |

*Exemple :* Si le chef d'escadron et le capitaine sont à 200 mètres l'un de l'autre et l'objectif à 3 000 mètres, le tableau montre que le repère doit se trouver à une distance du capitaine comprise entre 2 610 mètres et 3 520, soit environ à 400 mètres en deçà ou à 500 mètres au delà de l'objectif.

La première ligne du tableau ci-dessus fait ressortir que le chef d'escadron peut se placer sans inconvénient à 50 mètres de ses capitaines, s'il s'impose, d'autre part, de prendre un repère à une distance de 2 à 3 kilomètres. Cette condition est, en particulier, satisfaite si, les batteries étant placées côte à côte, le chef d'escadron se tient entre deux d'entre elles les capitaines étant à ses côtés et le troisième capitaine se plaçant à l'aile de sa batterie, du côté du chef d'escadron.

Dans une limite d'une cinquantaine de mètres d'éloignement, le problème de la désignation des objectifs par envoi de coordonnées peut donc être résolu dans de bonnes conditions avec un seul repère. Il est, au contraire, nécessaire d'en avoir plusieurs, comme le prévoit le renvoi (²) du n° 219 du titre IV du Règlement, si l'éloignement du commandant et des capitaines est plus considérable. Encore ne faut-il pas qu'il dépasse notablement 200 mètres si l'on ne veut pas être exposé à des erreurs ou être obligé de prendre un nombre trop grand de repères. La quatrième ligne du tableau de la page 146 montre, en effet, qu'avec trois repères pris vers 2 000, 3 000 et 4 000 mètres, on peut toujours choisir l'un d'entre eux de façon à désigner un objectif déterminé avec une assez grande approximation.

La sixième ligne du même tableau montre aussi que la méthode pourrait encore, à la rigueur, convenir avec un éloignement de 300 mètres, mais qu'il serait imprudent d'aller plus loin.

*Exemple :* Soit un but à 2 600. Pour le désigner à un capitaine placé à 300 mètres de lui, le commandant prend le repère situé vers 3 000 mètres et il néglige la correction $\widetilde{R} - \widehat{O}$. En fait, cette correction est égale à $\dfrac{300}{3} - \dfrac{300}{2,6} = -15$ millièmes environ.

L'erreur eût été seulement de 10 millièmes si l'intervalle entre le commandant et le capitaine eût été réduit à 200 mètres. Il faut remarquer, d'ailleurs, que, dans cet exemple, l'objectif ne s'est justement pas trouvé près d'un repère.

Mais ce qui précède suppose que le repère et l'objectif sont à peu près dans la même direction. Si, l'objectif étant, par exemple, dans une direction très oblique, le repère est dans une direction voisine de la normale au front, l'angle $\widehat{O}$ qui est de même signe que $\widehat{R}$ est plus faible que précédemment, à distance égale, et la correction $\widehat{R} - \widehat{O}$ peut être plus grande. Aussi est-il prudent de prendre également trois repères en profondeur sur les bords de la zone où le groupe peut être appelé à intervenir.

Pour leur désignation rapide les repères peuvent être numérotés 1, 2, 3 en partant de celui qui est le plus éloigné dans le voisinage de la normale au front et en affectant des mots *bis* et *ter* les numéros des repères correspondants situés sur les marges de droite et de gauche.

Au besoin, un croquis très simple, comprenant 3 lignes et 9 points, permettra d'éviter tout effort de mémoire et toute méprise.

Enfin, en cas de difficulté, on peut toujours désigner l'objectif par un croquis sur lequel l'inscription de l'écartement en millièmes de deux points remarquables, considérés dans le voisinage du but, peut servir d'échelle au capitaine pour obtenir $\widehat{R} - \widehat{O}$ sans calcul.

En résumé, le meilleur moyen de direction des feux est le procédé des missions, ou, dans certaines circonstances, celui des zones. Il est prudent, dans tous les cas, de le compléter par celui des repères.

A la direction des feux se rattache la communication des ordres à distance. Cette communication peut se faire par signaux, par téléphone, par plantons à pied et, quelquefois, par plantons à cheval si l'on dispose de communications convenablement défilées.

Un porte-voix peut aussi être utilisé (¹) Tant que les intervalles entre le commandant et les capitaines ne dépassent pas 200 mètres, limite ordinaire de portée du porte-voix pendant le tir, ce mode de transmission peut rendre des services appréciables.

Le chapitre III de l'Annexe n° III du titre IV du Règlement contient les prescriptions relatives à la transmission des signaux et à leur signification.

Les signaux spéciaux à l'exécution du tir sont très simples et très faciles à retenir, car ils font image. Il suffit de les avoir lus une ou deux fois pour pouvoir contrôler les gestes des signaleurs et il est bon que ce contrôle soit parfois exercé. Toutefois, en prévision de l'insuffisance du porte-voix dans certaines circonstances, la série actuelle des signaux devrait être complétée de façon à donner au chef d'escadron le moyen de faire signaler le mot « Repère » suivi du chiffre convenable pour indiquer, le cas échéant, celui de plusieurs repères auquel se rapporte la désignation du but.

Le signal « en surveillance » pourrait convenir.

Enfin, voici quelques précautions qui paraissent judicieuses pour assurer la facilité et l'exactitude des transmissions :

1° Éviter de placer les signaleurs sur un fond sombre ;

2° Les défiler aux vues de l'ennemi ;

3° Distinguer, par une bande d'étoffe claire diversement placée sur le corps, les signaleurs des trois batteries du groupe ;



______

(¹) *Note ministérielle du 6 mai 1914.* — Le porte-voix est en aluminium. Il peut être également utilisé comme récepteur. En temps calme, la portée de la voix distincte est de 300 mètres ; elle peut atteindre 700 mètres par vent de sens favorable.

Par forte pluie ou vent debout, la portée peut être réduite, au contraire, à 150 mètres. Pendant le tir des batteries voisines, il est prudent de ne pas compter sur une portée supérieure à 200 mètres.

4° Transmettre chaque commandement formant un tout, sans interruption, de façon à en rendre la compréhension plus facile : on sait qu'une lecture épelée se comprend moins bien qu'une lecture courante;

5° Faire les gestes d'une façon très saccadée pour les rendre plus distincts ;

6° A l'observatoire du capitaine, les signaux peuvent être faits par le brigadier de tir; à la batterie, par un homme d'un caisson de ravitaillement et, au besoin, par le maréchal des logis mécanicien.

Enfin, il convient d'envoyer les commandements toujours sous la forme réglementaire : un commandement mal transmis par le signaleur cause alors une discordance qui appelle l'attention du lieutenant et ce dernier demande confirmation de l'ordre transmis. Il fait, d'ailleurs, de même si un commandement lui paraît inexplicable d'après ceux qu'il a reçus précédemment. Exemple : si, après les commandements : 3 000, 3 400, le lieutenant reçoit l'ordre : « Correcteur tant, tir progressif, 2 000 », il doit faire répéter ce dernier commandement, car c'est sans doute 3 000 que l'on voulait transmettre.

Les transmissions téléphoniques entre les commandants et les capitaines et entre ceux-ci et les batteries, en dehors des commandements relatifs à l'exécution proprement dite du tir, se font suivant les mêmes principes que dans le service civil des téléphones. Pour les commandements relatifs au tir, il convient que le capitaine commande à haute voix sans se préoccuper du téléphone autrement que pour se tenir devant le microphone. Le brigadier de tir, placé auprès de lui, doit avoir, au contraire, l'écouteur à l'oreille pour répéter les commandements qu'il entend faire à la batterie par le lieutenant. Celui-ci, ayant également l'écouteur aux oreilles tout en faisant face à la batterie, surveille le service des pièces et transmet les commandements du capitaine *tels qu'il les entend* (sous réserve toutefois de faire répéter les commandements qui lui paraîtraient nettement erronés). Quand il n'y a pas eu d'erreur de transmission, le brigadier de tir peut se borner à prononcer le mot « bien » pour en aviser son capitaine. S'il y a eu erreur, le capitaine, qui en est averti, ne cherche pas à rattraper un commandement lancé par le lieutenant à la batterie, car il n'y réussirait pas.

En opérant ainsi, sans jamais hésiter et sans attendre une confirmation pour exécuter les ordres entendus, on peut exceptionnellement perdre une salve, mais cet inconvénient éventuel est largement compensé par l'allure rapide du tir.

Dans le même ordre d'idées, quelques précautions sont à recommander pour l'observation latérale.

En particulier le capitaine ne doit pas, dans ce cas, chercher, dès le début, à répartir exactement les coups sur tout le front de l'objectif : il lui suffit à la rigueur d'avoir un coup observable sur 4, jusqu'à ce qu'il ait obtenu l'encadrement de 400 mètres. A partir de ce moment seulement, il doit mettre de l'ordre dans son faisceau et il le peut car, alors, si un coup ne lui paraît pas en direction, c'est parce qu'il ne l'est réellement pas et non parce qu'il est très court ou très long.

Plus tôt, il risquerait de perdre son temps à modifier la dérive de pièces bien pointées en direction pour avoir à la reprendre ensuite.

A lire en seconde lecture.

---

### Résumé du chapitre VI.

La direction des feux incombe au chef d'escadron. Elle a pour objet la désignation rapide et exacte des objectifs aux commandants de batterie.

Le procédé de direction des feux, à la fois le plus simple et le plus rapide, est celui qui consiste à donner à chaque capitaine une mission ou encore, dans le cas de la défensive ou de terrains naturellement compartimentés, une zone d'action.

Il faut d'ailleurs se ménager, pour les cas imprévus, des moyens de désignation directe aussi rapides que possible.

Si les batteries sont réunies, la désignation par écarts angulaires horizontaux et verticaux, par rapport à un seul repère, peut convenir à tous les cas. Si le commandant de groupe est éloigné jusqu'à 250 ou 300 mètres de certains de ses capitaines, il peut encore adopter ce mode de désignation, mais il doit y employer plusieurs repères. Cet emploi de plusieurs repères n'est d'ailleurs pas très compliqué si l'on a soin de bien les choisir et de les numéroter convenablement et méthodiquement.

Il ne faut pas hésiter enfin, le cas échéant, à recourir à la désignation par croquis, mais il faut alors compter avec la durée de la transmission.

Il ne faut jamais oublier, d'autre part, de doubler les moyens de transmission des ordres, et il faut savoir utiliser le téléphone, comme il a été dit, si l'on ne veut subir des lenteurs dans le commandement à distance aussi bien dans la direction des feux que dans la conduite du feu.

# CHAPITRE VII

## RENSEIGNEMENTS DIVERS

§ 1 — NOTIONS TRÈS SUCCINCTES SUR LES FORMATIONS ET LES PROCÉDÉS DE COMBAT DES INFANTERIES FRANÇAISE ET ALLEMANDE ([1])

### 1° *Organisation.*

L'unité tactique est le bataillon à quatre compagnies.

La compagnie française et la compagnie allemande comptent chacune environ deux cent cinquante fusils, mais la première est divisée en quatre sections et la seconde en trois pelotons. Dans la compagnie française on appelle aussi peloton l'ensemble de deux sections.

### 2° *Formations.*

#### a) *Formations de la compagnie.*

En France et en Allemagne, on a la colonne par quatre, qui n'est autre que la colonne par quatre de la batterie à pied (formation de route).

---

([1]) Les indications que nous donnons dans ce paragraphe sont très sommaires, mais nous avons tenu à appeler l'attention des artilleurs de campagne sur la nécessité qu'il y a, pour eux, de bien connaître leur arme sœur.

En France, la colonne de compagnie (sections sur deux rangs, à 6 pas l'une derrière l'autre), en Allemagne, la colonne de pelotons (pelotons sur deux

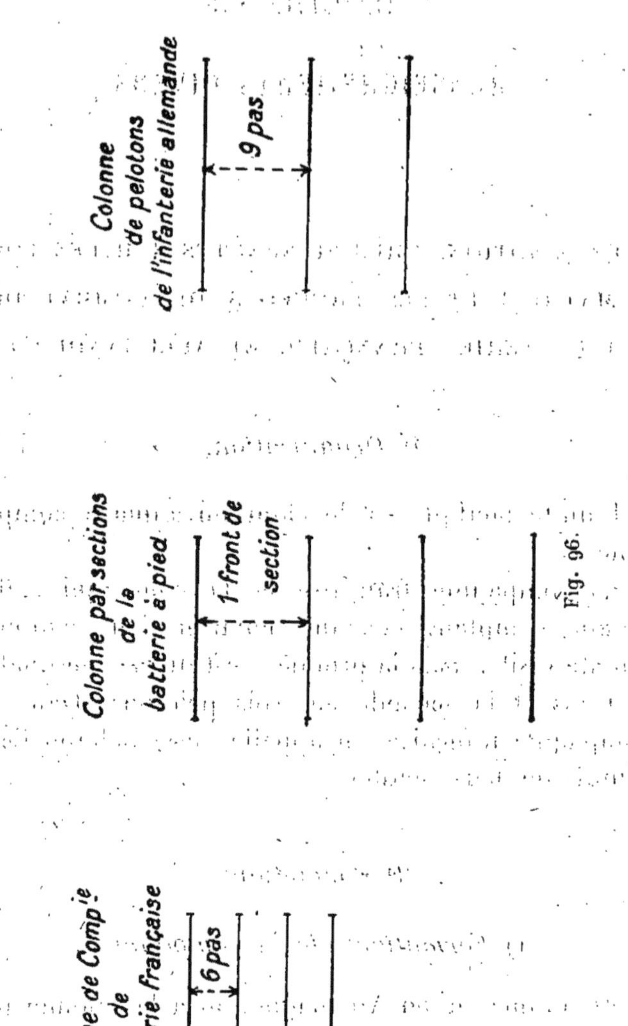



rangs, à 9 pas l'un derrière l'autre), correspondent à l'ordre en colonne par section de la batterie à pied, aux distances près entre les sections (fig. 96).

A la ligne de sections par quatre de l'infanterie française correspond la colonne de compagnie allemande.

En France on peut aussi employer la ligne de pelotons par quatre (fig. 97).

Les intervalles entre les colonnes sont variables et les têtes de colonne peuvent être échelonnées en profondeur.

En France et en Allemagne une chaîne de tirailleurs comprend des groupes de deux hommes (un chef de file et un camarade de combat) placés côte à côte, à intervalles variables à raison d'un homme au plus par mètre courant.

En France, le front de la compagnie n'est pas explicitement limité, mais il ne peut évidemment dépasser 250 mètres.

Quant au front du bataillon, il ne peut excéder 500 mètres, d'après le Règlement de manœuvre d'infanterie du 20 avril 1914 (Titre V, n° 317).

En Allemagne, le front maximum de la compagnie est fixé à 150 mètres.

Nous citerons encore la ligne déployée en France, la ligne en Allemagne, qui correspondent à la batterie à pied en bataille sur deux rangs.

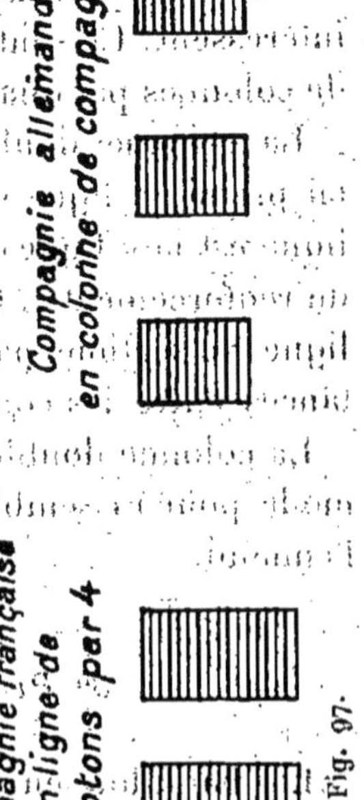

b) *Formations du bataillon.*

Seules, les formations de champ de bataille nous intéressent. Ce sont : la colonne double et les lignes de colonnes par quatre.

La colonne double comprend deux compagnies en première ligne et deux en seconde : la première ligne est la « ligne de combat », la seconde, la « ligne de renforcement ». Chaque compagnie est formée en ligne de sections par quatre. Les intervalles et distances entre les compagnies varient avec le terrain.

La colonne double à 10 pas est la formation commode pour rassembler le bataillon hors des vues de l'ennemi.

### 3º *Procédés de combat.*

Le bataillon encadré marche vers l'ennemi. Il entre d'abord dans la zone où les feux de l'artillerie adverse peuvent être efficaces. La formation qu'il prend pendant cette période du combat dépend du terrain.

*Si le bataillon est complètement défilé aux vues,* il peut marcher rapidement, mais encore doit-il prendre une formation convenable. Une infanterie défilée peut, en effet, être brusquement surprise par un feu violent d'artillerie, soit parce que sa position est connue de l'ennemi, soit parce qu'elle se trouve dans la zone d'un tir d'efficacité en profondeur exécuté sur une troupe en avant d'elle. Pour éviter tout mécompte, la formation à adopter est celle qui est la moins vulnérable au feu de l'artillerie : d'après de nombreuses expériences, cette formation, pour une infanterie en mouvement, est la ligne de petites colonnes par quatre.

En admettant alors que la ligne de combat comprenne deux compagnies, et que l'unité de fractionnement est la section, le bataillon présente huit petites colonnes par quatre qui, même sur un front de 300 mètres, ont entre elles des intervalles suffisants pour que deux d'entre elles ne soient pas atteintes à la fois par la gerbe d'un même obus.

Les compagnies de renfort marchent dans une formation analogue et assez loin en arrière (500 mètres par exemple) pour ne pas être exposées au tir d'efficacité en profondeur qui atteindrait les compagnies de la ligne de combat.

Les Allemands et les Japonais opèrent suivant les mêmes principes, mais en formant des lignes irrégulières de préférence aux colonnes. Ils reprochent à celles-ci d'exposer l'infanterie à des pertes considérables si les colonnes viennent à être prises d'écharpe ; ils pensent aussi qu'en ligne les hommes marchent mieux sous le feu qu'en colonnes, dont les hommes de tête s'imaginent servir de boucliers à ceux qui sont derrière eux.

En réalité, il n'y a que des principes généraux. Si, étant donné la situation, on craint que les colonnes ne soient prises d'écharpe, rien n'empêche de faire marcher les sections en ligne. Les Japonais ont bien su prendre quand il l'a fallu la formation en file indienne de préférence à la formation en ligne.

*Si le bataillon doit marcher à découvert*, il conserve naturellement la formation déjà prise pour parcourir les espaces couverts, mais il progresse par bonds rapides, d'abri en abri et par essaims. Au besoin, l'effectif de ces essaims se réduit à un très petit nombre d'hommes ; ceux-ci constituent alors ce que l'on a appelé « de la poussière d'hommes ».

Ce dernier procédé s'impose quelquefois, mais il ralentit le mouvement en avant.

Arrivées dans la zone des feux de l'infanterie ennemie (à 1 500 mètres environ de celle-ci), les compagnies de tête se déploient en tirailleurs, *en évitant de former une ligne continue.* Les chefs des sections de la chaîne précèdent leur troupe et la font progresser d'abri en abri. On ne tire que si c'est nécessaire pour pouvoir avancer.


### § 2 — RENSEIGNEMENTS SUR LES MATÉRIELS

Ce paragraphe a pour but d'éviter au lecteur des recherches, parfois laborieuses, dans des documents épars, qu'on n'a pas toujours sous la main.

Le matériel français et le matériel allemand sont tous deux à recul du canon sur l'affût, système qui permet, en général, la conservation du pointage d'un coup à l'autre et, par suite, le tir rapide.

Tous les deux lancent deux projectiles : un obus à balles et un obus explosif. Les obus à balles allemands sont analogues aux nôtres et ils contiennent sensiblement le même nombre de balles (environ 300). Toutefois, l'obus français est un peu plus lourd ($7^{kg}250$ au lieu de $6^{kg}850$) et les balles qu'il contient sont plus pesantes (12 grammes au lieu de 10).

La vitesse initiale des projectiles français est de 529 mètres pour l'obus à balles et de 584 mètres pour l'obus explosif. Elle est de 465 mètres pour l'un et l'autre projectile allemand : cette dernière vitesse est exactement la vitesse initiale de l'obus de $80^{mm}$ français de $6^{kg}300$. Les tables de tir de cet obus conviennent donc sensiblement au matériel allemand modèle 96 ${}^n/_A$.

L'obus explosif français est à parois minces, il contient 825 grammes de mélinite; l'obus allemand est à parois épaisses, il ne contient que 150 grammes d'explosif environ. Le premier ne peut être tiré que percutant et le second, à volonté percutant ou fusant.

La voiture-pièce attelée est plus légère (servants

compris (¹)] en France qu'en Allemagne, mais l'affût en batterie est plus lourd.

Les boucliers allemands sont continus et légèrement plus étendus que les nôtres.

La fusée allemande est graduée *en distances et non en temps*. On la règle en faisant tourner la partie mobile de la fusée devant un repère de la partie fixe. La fusée actuelle permet d'exécuter le tir fusant jusqu'à 5 kilomètres.

Le caisson n'est pas à renversement; l'arrière-train est simplement séparé de l'avant-train et mis en équilibre sur une servante.

Les Allemands n'ont pas de hausse indépendante; ils pratiquent couramment aujourd'hui le tir masqué. Ils viennent de recevoir un appareil de pointage panoramique.

Le lecteur trouvera, enfin, dans les tableaux ci-après, de nombreux renseignements numériques relatifs au tir de l'obus à balles français de 75$^{mm}$.

### § 3 — ZONE DANGEREUSE EN AVANT DE LA BOUCHE DES PIÈCES

Une artillerie étant en batterie peut être dépassée par une troupe d'infanterie. Celle-ci a toujours alors intérêt à demander à l'artillerie qu'elle dépasse, la distance des pièces au delà de laquelle elle pourra sans danger stationner ou circuler sous les trajectoires. Le chef de l'unité d'artillerie doit pouvoir répondre sans hésiter à cette question.

La réponse peut être basée sur les considérations suivantes :

Soient S l'angle de site donné au berceau et D la distance de tir (en hectomètres), $p$ la pente du terrain (en millimes) en avant des pièces.

---

(¹) En Allemagne, la voiture-pièce porte 5 servants.

L'angle de site $\Sigma p$ du projectile vu à la distance $x$ au delà des pièces, a pour expression :

$$\Sigma_{\mathbf{r}} = \frac{10}{4}\,(\mathrm{D} - x) + \mathrm{S}.$$

On voit donc le projectile au-dessus du sol dont la pente est $_{\mathbf{r}}$, à une hauteur angulaire égale à

$$\Sigma_{\mathbf{r}} - _{\mathbf{r}} \quad \text{ou} \quad \frac{10}{4}\,(\mathrm{D} - x) - (_{\mathbf{r}} - \mathrm{S}).$$

En général, il suffit de vérifier la sécurité pour $x = 5$ hectomètres et 10 hectomètres et, pour cela, on admet que la sécurité est suffisante si la hauteur du projectile au-dessus du sol est de 10 mètres. L'angle précédemment calculé doit donc être moins 20 millièmes si on vérifie la sécurité à 500 mètres et 10 millièmes si on la vérifie à 1 kilomètre.

La règle à retenir est alors la suivante :

Calculer l'angle de site du projectile à la distance 500 mètres par la règle du 1/4 et de l'O en supposant le terrain horizontal ; en retrancher la différence bien connue $_{\mathbf{r}} - \mathrm{S}$ : la sécurité est assurée si le nombre ainsi obtenu est au moins égal à 20 (10 si on vérifie la sécurité à 1 kilomètre).

Un exemple numérique montrera que l'application de cette règle ne présente aucune difficulté.

Soit une batterie établie à 1200 mètres en arrière d'une crête, sur une pente de 50 millièmes, pour tirer avec $\mathrm{S} = + 10$, à 2900 mètres. Vérifions la sécurité à 500 mètres en avant des pièces. L'angle de site du projectile à 500 mètres en avant sur la trajectoire 2900 en terrain horizontal serait égal à $\frac{240}{4} = 60$. D'autre part $_{\mathbf{r}} - \mathrm{S} = 40$.

L'angle calculé est égal à 20 millièmes : la sécurité juste assurée à 500 mètres.

*Nota.* — Le chapitre VII, très court, n'a pas été résumé.

# CONCLUSIONS

Nous avons traité, dans ce volume, les questions
intéressant *directement le tir du canon de 75^{mm}*,
en évitant le plus possible de nous attarder à celles
qui se rattachent à la partie « manœuvre ». Nous
avons voulu, en effet, rester strictement dans notre
programme : la *pratique du tir*, bien qu'en réalité le
tir et la manœuvre soient inséparables.

Le tir n'est-il pas, d'ailleurs, l'acte final de l'artillerie et n'importe-t-il pas avant tout de former de
bons tireurs ?

Pour être un « bon tireur », il ne suffit pas de
connaître les règles de tir que nous avons exposées ;
il ne suffit pas non plus de savoir les appliquer correctement et avec à-propos. Il faut encore et avant
tout opérer dans des fourchettes certaines. Aussi la
vérification constante des résultats des tirs du
temps de paix s'impose-t-elle d'une façon particulière, si l'on ne veut éprouver à la guerre de cruelles
déceptions.

En ce qui concerne les degrés de défilement, nous
n'en avons préconisé aucun, non seulement parce
qu'il serait illogique d'en choisir un *a priori*, indépen-
damment des circonstances, mais encore parce qu'une
artillerie manœuvrière doit savoir les utiliser tous
avec rapidité et correction. Sans doute, l'étude du tir
à grand défilement exigeant une connaissance plus
approfondie de l'art d'utiliser le terrain, absorbera-
t-elle plus de séances que l'étude du tir à faible
défilement ; mais elle est indispensable à une artillerie désireuse d'être toujours à hauteur de la

situation. Ce qu'il importe d'éviter à tout prix, c'est l'idée préconçue. Il ne faut pas oublier qu'il est aussi dangereux de se défiler systématiquement, d'une façon exagérée, que de chercher toujours un défilement nul. Une artillerie trop téméraire au début en toutes circonstances risque, en effet, de tomber dans l'excès opposé au cours de la campagne (enseignements de la guerre russo-japonaise, côté russe), alors qu'une artillerie, dressée au contraire à occuper toujours de grands défilements, pourra se croire perdue quand les circonstances lui imposeront un défilement faible ou même nul. Il est donc à présumer qu'une artillerie n'occupera, en temps de guerre, les défilements convenables, que si elle s'est exercée, en temps de paix, à les prendre tous sans difficulté.

C'est cette préparation que les batteries et les groupes doivent poursuivre constamment par des exercices à l'extérieur, quel que soit le personnel disponible — fût-il réduit à un seul officier par batterie, — quel que soit le terrain et en toutes saisons.

Une artillerie ainsi entraînée remplira sûrement sa mission à la guerre. Elle pourra « aider l'infanterie » dans sa tâche de reine des batailles.

Tableau I. — Valeurs des parallaxes.

| INCLINAISON SUR LA NORMALE au front | 0 | 100 | 200 | 300 | 400 | 500 | 600 | 700 | 800 | 900 | 1 000 | 1 100 | 1 200 | 1 300 | 1 400 | 1 500 | 1 600 |
|---|---|---|---|---|---|---|---|---|---|---|---|---|---|---|---|---|---|
| 150 | 107 | 107 | 105 | 102 | 99 | 95 | 89 | 83 | 76 | 68 | 60 | 51 | 41 | 31 | 21 | 11 | 0 |
| 200 | 80 | 80 | 79 | 77 | 74 | 71 | 67 | 62 | 57 | 51 | 45 | 38 | 31 | 24 | 16 | 8 | 0 |
| 250 | 64 | 64 | 63 | 62 | 60 | 57 | 54 | 50 | 46 | 41 | 36 | 31 | 25 | 19 | 13 | 7 | 0 |
| 500 | 32 | 32 | 32 | 31 | 30 | 29 | 27 | 25 | 23 | 21 | 18 | 15 | 13 | 10 | 7 | 4 | 0 |
| 750 | 22 | 22 | 21 | 21 | 20 | 19 | 18 | 17 | 16 | 14 | 12 | 11 | 9 | 7 | 5 | 3 | 0 |
| 1000 | 16 | 16 | 16 | 16 | 15 | 15 | 14 | 13 | 12 | 11 | 9 | 8 | 7 | 5 | 4 | 2 | 0 |
| 1500 | 11 | 11 | 11 | 11 | 10 | 9 | 9 | 9 | 8 | 7 | 6 | 6 | 5 | 4 | 3 | 2 | 0 |
| 2000 | 8 | 8 | 8 | 8 | 8 | 8 | 7 | 7 | 6 | 6 | 5 | 4 | 4 | 3 | 2 | 1 | 0 |
| 2500 | 7 | 7 | 7 | 7 | 6 | 6 | 6 | 5 | 5 | 5 | 4 | 4 | 3 | 2 | 2 | 1 | 0 |
| 3000 | 6 | 6 | 6 | 6 | 5 | 5 | 5 | 5 | 4 | 4 | 3 | 3 | 3 | 2 | 2 | 1 | 0 |
| 3500 | 5 | 5 | 5 | 5 | 5 | 5 | 4 | 4 | 4 | 3 | 3 | 3 | 2 | 2 | 1 | 1 | 0 |
| 4000 | 4 | 4 | 4 | 4 | 4 | 4 | 4 | 4 | 3 | 3 | 3 | 2 | 2 | 2 | 1 | 1 | 0 |
| $\infty$ | 0 | 0 | 0 | 0 | 0 | 0 | 0 | 0 | 0 | 0 | 0 | 0 | 0 | 0 | 0 | 0 | 0 |

Points situés à

**Tableau II. — Valeurs des éléments de la gerbe de l'obus à balles de 75$^{mm}$ éclatant à $\dfrac{3}{1\,000}$ à différentes distances.**

| DISTANCES | $sP$ | $sO$ | $sA$ | AO | OP | AP | OBSERVATIONS |
|---|---|---|---|---|---|---|---|
| m | | | | | | | |
| 1 000. . . . . . . . . | 211 | 122 | 17 | 105 | 89 | 194 | Les éléments $sP$, $sO$, etc., |
| 1 500. . . . . . . . . | 196 | 106 | 23 | 83 | 90 | 173 | donnés par le tableau ci-contre, |
| 2 000. . . . . . . . . | 185 | 94 | 26 | 68 | 91 | 159 | se rapportent à la figure 73. |
| 2 500. . . . . . . . . | 176 | 85 | 29 | 56 | 91 | 147 | |
| 3 000. . . . . . . . . | 168 | 76 | 31 | 45 | 92 | 137 | |
| 3 500. . . . . . . . . | 161 | 70 | 31 | 39 | 92 | 131 | |
| 4 000 . . . . . . . . | 157 | 64 | 31 | 33 | 92 | 126 | |
| 4 500. . . . . . . . . | 152 | 58 | 32 | 26 | 93 | 120 | |
| 5 000. . . . . . . . . | 148 | 54 | 33 | 21 | 93 | 115 | |
| 5 500. . . . . . . . . | 145 | 50 | 34 | 16 | 94 | 111 | |

Tableaux analogues au tableau II pour les hauteurs d'éclatement : $\dfrac{1}{1000}$, $\dfrac{2}{1000}$, $\dfrac{4}{1000}$, $\dfrac{5}{1000}$.

Hauteur d'éclatement : $\dfrac{1}{1000}$.

| DISTANCES m | sP | sO | sA | AO | OP | AP | I | sA | AO | OP | AP |
|---|---|---|---|---|---|---|---|---|---|---|---|
| 1 000 | 211 | 41 | 6 | 35 | 170 | 205 | 162 | 24 | 138 | 49 | 187 |
| 1 500 | 196 | 35 | 8 | 27 | 161 | 188 | 140 | 30 | 110 | 56 | 166 |
| 2 000 | 185 | 31 | 9 | 22 | 154 | 176 | 126 | 34 | 92 | 59 | 151 |
| 2 500 | 176 | 28 | 10 | 18 | 148 | 166 | 114 | 38 | 76 | 62 | 138 |
| 3 000 | 168 | 25 | 10 | 15 | 143 | 158 | 102 | 40 | 62 | 66 | 128 |
| 3 500 | 161 | 23 | 10 | 13 | 138 | 151 | 94 | 42 | 52 | 67 | 119 |
| 4 000 | 157 | 21 | 10 | 11 | 136 | 147 | 86 | 42 | 44 | 71 | 115 |

The right-hand block of the rows above corresponds to Hauteur d'éclatement : $\dfrac{4}{1000}$ (columns I, sA, AO, OP, AP).

Hauteur d'éclatement : $\dfrac{2}{1000}$.

| DISTANCES m | sP | sO | sA | AO | OP | AP | I | sA | AO | OP | AP |
|---|---|---|---|---|---|---|---|---|---|---|---|
| 1 000 | 211 | 81 | 12 | 69 | 130 | 199 | 203 | 29 | 174 | 8 | 182 |
| 1 500 | 196 | 70 | 15 | 55 | 126 | 181 | 176 | 38 | 138 | 20 | 158 |
| 2 000 | 185 | 63 | 17 | 46 | 122 | 168 | 157 | 43 | 114 | 28 | 142 |
| 2 500 | 176 | 57 | 19 | 38 | 119 | 157 | 142 | 48 | 94 | 34 | 128 |
| 3 000 | 168 | 51 | 20 | 31 | 117 | 148 | 127 | 50 | 77 | 41 | 118 |
| 3 500 | 161 | 47 | 21 | 26 | 114 | 140 | 117 | 52 | 65 | 44 | 109 |
| 4 000 | 157 | 43 | 21 | 22 | 114 | 136 | 107 | 52 | 55 | 50 | 105 |

The right-hand block of the rows above corresponds to Hauteur d'éclatement : $\dfrac{5}{1000}$ (columns I, sA, AO, OP, AP).

## Tableau III. — Influence de la hauteur d'éclatement sur la profondeur battue par des balles efficaces.

| PORTÉES | HAUTEURS D'ÉCLATEMENT EN MILLIÈMES | | | | | | | |
|---|---|---|---|---|---|---|---|---|
| | 1 | 2 | 3 | 4 | 5 | 6 | 7 | 8 |
| m | | | | | | | | |
| 1 500. . . . . . . . | 188 | 181 | 173 | 166 | 158 | 150 | 142 | 134 |
| 2 000. . . . . . . . | 176 | 168 | 159 | 151 | 142 | 133 | 124 | 115 |
| 2 500. . . . . . . . | 168 | 157 | 147 | 138 | 128 | 118 | 108 | 98 |
| 3 000. . . . . . . . | 159 | 148 | 137 | 128 | 118 | 108 | 98 | 88 |
| 3 500. . . . . . . . | 151 | 140 | 131 | 119 | 109 | 99 | 89 | 79 |
| 4 000. . . . . . . . | 141 | 136 | 125 | 115 | 105 | 95 | 85 | 75 |

## Tableau IV.

| DISTANCES | $\omega$ | $\alpha$ | tg $\omega$ | tg $\alpha$ | cos $\omega$ | sin $\omega$ |
|---|---|---|---|---|---|---|
| m | | | | | | |
| 1 000. . . . . . . . . . . | 1°25 | 7°38 | 0,025 | 0,134 | 1,000 | 0,024 |
| 1 500. . . . . . . . . . . | 2 25 | 8 20 | 0,043 | 0,146 | 0,999 | 0,042 |
| 2 000. . . . . . . . . . . | 3 39 | 8 57 | 0,064 | 0,157 | 0,998 | 0,064 |
| 2 500. . . . . . . . . . . | 5 04 | 9 31 | 0,088 | 0,167 | 0,996 | 0,088 |
| 3 000. . . . . . . . . . . | 6 43 | 10 | 0,118 | 0,176 | 0,993 | 0,117 |
| 3 500. . . . . . . . . . . | 8 34 | 10 27 | 0,150 | 0,184 | 0,989 | 0,149 |
| 4 000. . . . . . . . . . . | 10 39 | 10 51 | 0,188 | 0,191 | 0,983 | 0,185 |
| 4 500. . . . . . . . . . . | 12 58 | 11 13 | 0,230 | 0,198 | 0,973 | 0,224 |
| 5 000. . . . . . . . . . . | 15 31 | 11 35 | 0,277 | 0,205 | 0,964 | 0,267 |
| 5 500. . . . . . . . . . . | 18 20 | 11 53 | 0,331 | 0,211 | 0,949 | 0,315 |

NANCY-PARIS, IMPRIMERIE BERGER-LEVRAULT

## Général HOEHN

COMMANDANT LA 1ʳᵉ BRIGADE D'ARTILLERIE DE CAMPAGNE BAVAROISE

# TECHNIQUE

DU

# COMMANDEMENT DE L'ARTILLERIE

### (ARTILLERIE DE CAMPAGNE ET ARTILLERIE LOURDE)

*Traduit sur la deuxième édition allemande*

### par M. MERME

SOUS-LIEUTENANT D'ARTILLERIE TERRITORIALE

1910. Volume in-8 de 113 pages, broché . . . . . . . 2 fr. 50

---

## Général H. ROHNE, DE L'ARMÉE ALLEMANDE

# LA TACTIQUE

# DE L'ARTILLERIE DE CAMPAGNE

D'après le Règlement actuel de l'Artillerie allemande du 26 mars 1907

### MANUEL A L'USAGE DES OFFICIERS DE TOUTES ARMES

### Traduction du Capitaine d'artillerie P. MARIE

1909. Un volume in-8 de 190 pages, broché . . . . 3 fr. 50

---

**Manuel de Tir de l'Artillerie de campagne allemande (1911).** Traduit de l'allemand par P. MARIE, capitaine d'artillerie. (Extrait de la *Revue d'Artillerie.*) 1912. Un volume in-8 de 64 pages, avec 22 figures, br. **1 fr. 50**

**Opinions allemandes sur la Guerre moderne,** d'après les principaux écrivains militaires allemands.

— 1ᵉʳ FASCICULE : **Les Bases de l'Art de la Guerre. Armement et Technique modernes.** 1912. Un volume grand in-8, broché. . . . . **1 fr.**

— 2ᵉ FASCICULE : **Méthodes de commandement. Mécanisme des marches. L'Offensive et la Défensive.** 1912. Un volume grand in-8, broché. . . . . . . . . . . . . . . . . . . . . **1 fr.**

— 3ᵉ FASCICULE : **Principes fondamentaux de la Stratégie et de la Tactique. Conduite des opérations. Opérations sur mer.** 1912. Un volume grand in-8, broché . . . . . . . . . . . . . . . . **1 fr.**

**Essai sur la Doctrine stratégique allemande,** *d'après « La Bataille de Cannes » par le feld-maréchal de Schlieffen,* par le capitaine M. DAILLE, breveté d'état-major. 1914. Un volume grand in-8, avec 6 croquis, broché. **2 fr.**

**L'Armée allemande après sa réorganisation,** par le lieutenant-colonel Walter VON BREMEN. Traduit par le lieutenant Jean SCHMIDT. *Avec l'emplacement des troupes en 1914.* Un volume in-8 étroit, avec le portrait de Guillaume II, broché . . . . . . . . . . . . . . . . . '. **1 fr. 50**

**État militaire de toutes les Nations du monde en 1914.** Un volume in-8 étroit de 180 pages, broché . . . . . . . . . . . . . . . . **1 fr. 25**

**Répertoire alphabétique des termes militaires allemands,** traduits et accompagnés de notes explicatives sur l'*Organisation de l'Armée allemande,* par R. ROY, contrôleur de l'Administration de l'armée. 5ᵉ édition, mise à jour par le capitaine A. BOURGEOIS. 1914. Un volume in-12, cartonné . . . . . . . . . . . . . . . . . . . . . . . . . . . . **3 fr. 50**

**Abréviations et Signes topographiques en usage dans les documents militaires allemands,** par G. ROEDERER et A. GUTH, interprètes militaires de réserve. 1913. In-18 de 87 pages, avec figures, broché. **1 fr. 50**